凡尔赛宫室内装饰图集

著作权合同登记号桂图登字:20-2017-066号

图书在版编目(CIP)数据

凡尔赛宫室内装饰图集/(法)克里斯朵夫·福安等编;徐日宣,陈潇译. —桂林:广西师范大学出版社,2017.7
ISBN 978-7-5495-9874-8

Ⅰ.①凡… Ⅱ.①克… ②徐… ③陈… Ⅲ.①凡尔赛宫-室内装饰-图集 Ⅳ.①TU-095.65

中国版本图书馆CIP数据核字(2017)第134661号

出 品 人:刘广汉
责任编辑:肖 莉 季 慧
版式设计:吴 迪

广西师范大学出版社出版发行
(广西桂林市中华路22号 邮政编码:541001
网址:http://www.bbtpress.com)
出版人:张艺兵
全国新华书店经销
销售热线:021-31260822-882/883
上海利丰雅高印刷有限公司印刷
(上海庆达路106号 邮政编码:201200)
开本:787mm×1 092mm 1/8
印张:34 字数:40千字
2017年7月第1版 2017年7月第1次印刷
定价:368.00元

凡尔赛宫室内装饰图集

[法]克里斯朵夫·福安 (C. Fouin) [法]托马斯·卡尼尔 (T. Garnier) [法]克里斯汀·米莱 (C. Milet) [法]狄迪耶·索尼尔 (D. Saulnier) / 编

徐日宣 陈潇 / 译

广西师范大学出版社

·桂林·

照片拍摄于一座依山而建的小山岗。这座小山岗是国王为了给玛丽·安托瓦内特回忆童年而特别建造的。

目录

序

卡特琳娜 · 贝加尔
凡尔赛市公物、博物馆和城堡公共事务局主席。

他们是凡尔赛宫的摄影师，也是凡尔赛宫所有官方图片的作者。他们是唯一能够挖掘出这座巨大建筑的里里外外、上上下下所有秘密的人。而这座宫殿，也占据了他们无数的白日，甚至是黑夜。短暂的幸福时刻由他们见证，漫长的孤独也由他们来承受。别人还没来的时候，他们已经在那里；人群已经散去的时候，他们仍旧在那里。

凡尔赛宫作为这个世界上被拍摄最多的地方之一，每个人对它的审视都是独一无二的，但是只有他们四位才可以进入别人无法进入的领域。这项特权伴随着他们的工作，而且他们也同意与我们分享其工作成果。在对凡尔赛宫的热情的支持下，他们以一颗谦卑之心，隐身于这些照片的后面，并用他们的视角，把对凡尔赛宫的热爱融入照片之中。

凡尔赛宫对这四人的意义不尽相同，第一位一辈子生活在凡尔赛宫；而对于第二位，凡尔赛宫则更像他的初恋情人般的存在；第三位说他与凡尔赛宫之间是一场“不太可能的相遇”；第四位则与这座宫殿有着某种秘密的联系。他们各自的人生相距甚远，是凡尔赛宫让他们彼此接近。

克里斯汀·米莱，55 岁，除了没有出生在凡尔赛宫，他其余的人生都是在此度过的。他三岁的时候就从卢浮宫来到这里，他父亲曾是卢浮宫里的一名壁毯裱糊工人。半个世纪以来，他再也没有离开过这个地方。年轻的时候，他梦想成为卡蒂埃 - 布列松这样的摄影家，为了冲印出第一批照片，他曾将家里的厨房变成实验室。然而他职业生涯却始于 1978 年 6 月一场宫殿被袭的悲剧。一颗炸弹摧毁了凡尔赛宫南翼的八个房间，他是现场见证的第一人，他拍摄的照片也被报刊使用。这次袭击在世界上引起了强烈的反响。克里斯汀·米莱被称作“超脱的守门人”，他是当时宫殿里唯一的摄影师。四十年过去了，他的好奇心从未消失，就是因为这种好奇，孩童时代的他就看到了当时共和国的总统，独自一人从离家不远的特里亚农宫步行路过；就是这种好奇，让他注意到一座赌气小天使的雕塑、池塘里的青蛙、锁里的青铜……无论生活怎样苛刻，他都坚持在那里，从不认为有什么是微不足道，虽然他经历过或许可以称作是凡尔赛宫 20 世纪最大的创痛……暴风雨在 1999 年 12 月 27 号袭击了凡尔赛宫的花园，“仅仅几分钟时间”，他回忆到，“轰隆一声可怕的巨响，一切全都变了样。而我，就待在那里。”

克里斯汀·米莱把这种渴望传递给了一个被他视为儿子的人——29 岁的托马斯·卡尼尔，被人们称作“摄影师中的本杰明”。他首先是一个业余的文化爱好者，然后成为了卢瓦尔省专业档案摄影师。自从他加入了凡尔赛宫公共联络部，他就害怕会“错过一些事情”。他曾经历过拉冬娜喷泉日复一日的修缮工作，就如同一场耐力赛跑，任何阶段都不能错过。起初，他一直认为别人已经在他之前把凡尔赛宫都拍摄得差不多了，但是随着对凡尔赛宫的不断观察，他发现了它的辩证和神秘，无限宽广，又微如毫末，其宏伟仿佛能把人卷走，其细微又让人留步观察，而最终，当夜幕降临，一切的景色却又重新组合。这位凡尔赛宫的年轻情人宣称：没人什么能比待在那里更吸引我了。

在这里，在祖母的看护下，现年 58 岁的狄迪耶·索尼尔开始了蹒跚学步，他也是在外面生活工作了很久，才得以重新回到城堡。他在专业的图片社工作过，还曾就职于摄影记者们的圣殿伽玛图片社。他时刻准备着放弃切手头的一切，去根据各种事件而满世界奔波，直到最终自己也成为事件中受害者，如同其他的摄影记者所经历的一样。2008 年的时候，他通过了一项安装工的竞赛，于是先在卢浮宫工作，然后又去凡尔赛宫工作。2013 年，在运输一幅画时，一个意外将他推进了联络部。他的爱好并没有变，人们称他为“独家新闻”。狄迪耶·索尼尔愿意观察那些会被其他人忽视的东西，他会为一张重现戴高乐将军住所的家庭生活照而欣喜若狂，没有任何矫揉造作。

48 岁的克里斯朵夫·福安本来没想到自己会在凡尔赛宫工作。他在巴黎市政厅做了很久的摄影师，专门负责文化遗产的清查整理，这项艰苦的任务促使他走遍了巴黎的 93 栋世俗和宗教建筑。

一项政府组织的竞赛先是让他走进了欧洲和地中海文化博物馆，然后是法国国家图书馆，最后他来到了凡尔赛宫，希望在此拍摄那些能向他展示古代制度的作品。

克里斯朵夫·福安和这些伟大作品紧密共存，通过自己的视角来和这些作品保持着一种独特的联系。

“如果我们知道一幅画背后的故事，我们就会以一种不同的方式去看待它”，他说道。比如：如果我们了解玛丽·安托瓦内特在时尚方面做的一些改变，她所摒弃的和她所提倡的，我们就能更好的明白她的审美。明白为什么历史上这样一个重要人物看起来还不如他旁边的人突出。对他来说，作品是富有生命力的，通过对作品的了解我们可以重塑一个已经消失了的世界。

这四位摄影师是如此不同，却以同样的方式看待凡尔赛宫，他们想要在不摒弃任何东西的同时展现出这座宫殿的一切。

光线的的问题一直令他们沉迷。

克里斯汀·米莱说：“无论是日出还是日落时分的凡尔赛宫，在我眼中，永远都是不一样的。”

托马斯·卡尼尔说：“我喜欢捕捉那些我所钟爱的阳光的时刻，10 点以前或 16 点以后。”

狄迪耶·索尼说：“我想要追捕阳光。”

克里斯朵夫·福安：“怎样控制花瓶上反射的光线呢？”

这四个人都认为他们为凡尔赛宫做的工作永远无法结束，但是他们仍然坚持不懈地追问，如何最好地展现凡尔赛宫。

顺应别人还是独立思考？他们既担心自己的视角已经被别人使用，又不愿意去创新……这让我们感受到了他们在职业上的矛盾。

但同时，我们也能感受到他们在工作中的协调一致，比如他们共有的梦想、焦虑，以及成功。

作为某些伟大瞬间的见证人，他们同意用他们对这座宫殿共同的感受和印象，让读者再一次欣赏到凡尔赛宫。读者们可以尝试去分辨他们每个人的风格和各自的情感。在他们看来，所谓非凡的时刻，其实转瞬即逝，自相机快门被按下的那一刻起，他们就已经把这个影像交付给了读者。

凡尔赛宫的摄影师第一次向读者展示了他们的私人相簿。向他们致以崇高的敬意。

感谢阿尔班·米歇尔出版社安排的这次拜访。

在**皇家栅栏**的顶上，牢固地镶着法国国王的皇冠，王冠上装饰着具有象征意义的百合花——因为这里最早是太阳王路易十四的皇宫，所以栅栏上没有太阳的装饰让人觉得很惊讶，但是他用极尽奢华的镀金，营造了金光闪闪的“阳光”。

路易十四会喜欢这个壮观的骑马雕像吗？这是两个19世纪的雕塑家皮埃尔·卡尔特里埃和他的女婿路易-美思多尔·贝尔南的作品。从1836年开始，这座雕塑开始向游客开放。路易十四很讨厌这座骑士雕像。他让吉拉尔顿将它重新“装饰”一番，但并没有像计划的那样将它放在卢浮宫前的广场上，而是将它搁置在了瑞士守卫水塘的尽头。

从高处俯瞰，这座路易十三统治时期盖的老建筑可以称得上是整座宫殿的心脏：也许路易十四也是这样认为的，所以他命人用黑白大理石方砖铺砌了一个庭院，还把他的私人房间都建在这个**大理石庭院的**周围——他居住的房间在旧厅里，位于大钟下面的二楼。

1674年，为欢迎德·蒙特斯潘夫人，庭院里首次响起了吕利的阿尔切斯特组曲，而今我们再也找不到廷臣们每日来此等待觐见国王所留下的印迹。在路易·菲利普时代，庭院的地面还被降低过。20世纪80年代，人们根据王后的楼梯平台重建了庭院里的大理石地面，而它当初的样子我们再也无从得知。

以前，人们通过由勒·沃设计、勒·布朗装饰的庄严的使节大阶梯，便可以从大理石庭院进入大套间。然而路易十五认为楼梯的采光不好且不够方便，同时也是因为想要再扩大女儿们房间的面积，就把它拆掉了。现在要想进入庭院，就得往后走几步路，然后通过由**加布里埃尔设计的楼梯**。这道楼梯直到1980年才完工。

在上楼之前，首先要穿过许多**石头长廊**，我们称其为“高低厅”（分别称作“低廊”和“高廊”）。通过这些位于一楼和二楼的长廊，可以到达城堡的各个侧翼。同时，这些长廊也使得王子们和高级官员的房子都能朝向花园，低级官员的房子则朝向庭院。

考虑到国王严格的日常时间表——路易十四强制要求官员们在他起床后和入睡前来觐见（一共100多人）——在某些特定时刻人一定会很多，
而且院子里也经常会有很多活动，故而设计了简朴的石头长廊以方便交通。

在路易·菲利普统治时期，人们将一批批雕塑运到石头长廊。一楼的石头长廊里放有国家伟人的半身和全身雕像（见第15页）、法国国王和王后们的雕像（见第16页，路易十六），还有一些经过修复的托寓雕塑。它们是1674年路易十四为了水坛而进行的大采购中的一整套雕塑的原作，但现在水坛上面放置的已经是复制品了。

我们穿过**奥格东厅**，便来到了中央部分的最北端，通常那里驻扎着宫廷法院卫兵，他们负责城堡内部的治安管理。
奥格东（源于阿拉伯语：棉花）意为守卫们穿的带袖子的厚重长大衣，这衣服是从中世纪弓箭手那里继承而来的。

南翼建筑群也被称作“王子之翼”，拿破仑的雕像便位于中央长廊。在路易十五和路易十六时期，中央长廊被划分成许多个小套房，但是在第一帝国时期又恢复用作前厅。这座雕像出自列日的雕塑家亨利-约瑟夫·路特斯埃尔之手，于1831年完工。亨利曾经是一名神甫，后来在乌尔特省政府的推荐下去巴黎学习美术，并且获得了帝王肖像画家的头衔。

从光荣庭院能看到唯一一座比其他建筑都高、装饰都华丽的建筑，那就是上帝的住所——**皇家礼拜堂**。由板岩和铅制成的房顶刻有两组镀金的小天使，每组3个。一组上面是棕榈叶，象征着复活；另一组象征着十字架。
圣·西蒙并不喜欢这座建筑，在他眼中，皇家礼拜堂看起来像"一座哀伤的追思台"。

我们通过两个一高一低的长廊进入这座没有任何朝向外面出口的“追思台”。从下面的长廊走过便可一览这座壮观的巴洛克大堂。
大堂内的墩柱以及纯白的科林斯柱与地上多彩的大理石、金色的祭台、彩绘的穹顶形成鲜明对照，交相辉映。

穹顶离地面25米高，上面画的是基督教的“三位一体”：中间是《荣耀中的永恒圣父为世人带来赎罪许诺》；祭坛上面是《基督复活》；廊台上面是《圣灵降临于圣母、使徒和王》。两侧祭坛上面的天花板上画的是《十二使徒》。从中可以看出孟莎在建筑上的才华，因为他在一个相对庞大的结构上表现出了如此多的高挑结构。

圣父的形象由安东尼·库伊贝尔负责塑造，他由其父诺埃尔一手培养。诺埃尔曾经担任罗马法兰西学院院长，参加过建造路易十三的旧卢浮宫。作为新一代艺术家的代表，库伊贝尔描绘出一个逼真的结构，众多人物仿佛从天而降。他还大胆地混合使用了视觉陷阱法和垂直透视法，并大量使用了各种色彩。

不过，最重要的艺术形式还是雕塑。与穹顶的荣耀形象相对应，一楼连拱廊的石柱上雕塑着耶稣受难的多个故事，而在回廊拐弯处的支柱上，用浅浮雕刻成的胜利雕塑则会让人肃然起敬——这里表现的不是战功，而是宗教上的伟大功绩，即呈现的是教会的勋章和徽记。

在二楼，是一个科林斯式的柱廊。这里面尤其值得欣赏的是，光线透过彩绘玻璃窗，斑斓地映在采自于克里特依的白色石头上。这里不能不提的还有圣·西蒙，对于他来说，按序布局完全没有必要。比如他说："没有必要让柱子间的狭窄通道通向侧面的那些廊台。"

在圣器室里专属于乐手的区域，通过这些乐谱架可以看出，在18世纪初，教堂唱诗班在一个领唱和四个副领唱的带领下，还有不少于八十四名歌手，以及六个小提琴和古提琴手、三个低音提琴手、一个大低音琴手、一个双颈诗琴手、两个笛子手、两个双簧管手、一个低音双簧管手、两个蛇形风琴手、一个巴松管手以及一个管风琴手！

尽管长殿饰有镀金，尽管有提香的《以马忤斯的朝圣者》，尽管有基督和十二使徒的半身雕塑，但是整个圣器室看起来还是显得极其朴素无华。当然，这还没有算上壁橱里丢失的那些奢华藏品——仅仅在1710年，里面就曾经放置过20件刺绣饰品（祭披、星饰等）、四套精工制作的祭具（圣餐杯、圣盘、酒水壶）、12本用红色摩洛哥山羊皮精装的弥散经本和日课经。

站在夏尔·德·拉福斯的两幅画《圣吕克》和《圣马克》的前面，你会为面前的两只分枝吊灯的华丽而感到眩晕。吊灯高1.35米，全部由水晶和包金铜制作而成。
教堂圣器室管理人在宫廷祭司面前宣誓后负责点亮这些水晶吊灯、装饰祭坛和讲道台，同时还保管和维护这些宗教饰物。

这个带耶稣像的十字架十分简朴，却让我们知道宗教绝不是豪华的摆设。每一天，路易十四都会虔诚地做弥撒，每一年，他都会领复活节圣体。这种虔诚尤其体现在他统治的后期，在他和曼特农夫人的平民婚礼之后。

在范·克莱夫设计的庄严的镀金主祭台外面，位于两边低处的最简朴的小祭台用来供奉王室主要的主保圣人（圣人路易、圣人安娜、圣人泰雷兹、圣人菲利普、圣人查尔斯、圣人维克多、圣人阿德莱德）。这些发黑的青铜小天使用来装饰圣人安娜的祭台，即路易十四的第三个孙子——有魅力的贝里公爵的主保圣人，也被称为“好心贝里”。

1752年到1753年间，蓬巴杜侯爵夫人曾在圣器室附近的一二楼夹层里建造了一个“凹室”。这个夹层里装了一个对着祭坛的拱形小窗户，这样她在参加弥撒时就能避免听到一些风言风语。人们可以通过外面的阳台和一道叫作“布道的神父们”的楼梯到达这个小屋。她虽然看不见祭台，但是能够参加弥撒，而且人们也知道她就在那里。除此之外，冬天为了御寒，这个房间里还装上了火炉。

连接礼拜堂一楼与二楼的是两道螺旋状楼梯，讲坛两侧各一道。但是，参加礼拜的人不会将两层楼搞混——大部分教徒留在一楼，
在“贵族之层”上两侧的专席是留给宫廷里的王族、达官显贵和宫廷夫人们的。

两侧专席上的窗户分别朝向两个一南一北的庭院，窗户上装饰着百合花，窗户中间有一个圆雕饰，上面刻着路易十四的数字和两个相对的“L”。
然而他使用这座礼拜堂的时间并不是很长，因为礼拜堂1710年才完工，也就是在他统治结束前的5年。

礼拜堂设计的一个优点就是国王可以从他的寝宫直接进去，即通过一个双开门进入这个专门为他准备的、面对着祭台和管风琴的主讲坛。
锁出自时下最伟大的铸工雅克·德雅尔丹之手，他也曾参与教堂青铜装饰的工作。

在礼拜堂完工的同时，王室向萨伏纳里皇家手工工厂预定了一些铺在大理石地面的地毯。而讲坛上装点着百合花的地毯则是在1720年交付的。国王跪在靠着栏杆的祷告台上，王室其他成员也跪在周围，但是只有国王有膝下铺垫子的特权。

礼拜堂里的管风琴不仅因它华丽的外表，也因为它不合常规的摆放位置而让人印象深刻。它被放在祭台上面，面对着皇家讲坛——这里肯定不是最初想要摆放它的位置，因为它遮住了一个窗洞（一扇窗户）。也许我们从中可以看出国王对音乐的喜爱。无论如何，这个摆放位置毫无疑问影响到了这件堪称细木工和装饰性雕塑之杰作的匠心制造。

早在1689年，路易十四就向管风琴制造商罗贝特·克里科的前辈订购了这件乐器，而罗贝特·克里科于1711年才完成制造。在四个键盘和一个脚踏键盘上有34个同音色琴管组。这些键盘，以及大部分的琴管组都是从老教堂里的管风琴上拿下来的，人们从中加入了一些新的琴管组，而且大部分是用于主管风琴和第二键盘。另外还有一个天籁音栓用于回声键盘，一个短号音栓用于独奏键盘，一个小号音栓用于栓脚踏板。

管风琴被放在一个新的柜子里面，其制作极其精良，因为光是它的装饰就改了五次！这样做的后果就是这座能关门合上的弹奏台，门上刻着《弹竖琴的大卫》（见第36页），周围是绚丽的洛乐器雕塑和棕榈图案，并且已经开始表现出了洛可可风格。而侧边装饰简单的阶梯是为国王的乐队准备的。

管风琴的木柜保存得很好，但它的木管并没能经得起时光的考验。一般认为这架管风琴的首演仪式是在1711年的复活节。那天，弗朗索瓦·库普兰坐在琴键前第一次演奏它。
现在的第二键盘和主管风琴的小号音栓并不是首演时所使用的，而是原作的复制品。

每天在做小弥撒的时候，礼拜堂的乐队都会唱一首经文歌。因为宫廷里的夫人们勤勉地去做弥撒往往是为了音乐（抑或是为了见到国王，或者被国王看见），而并非出于虔诚的信仰。据说一些夫人甚至在弥撒经书的封面里面藏着小说。

礼拜堂投入使用的时间较迟以至于它无法承办路易十四时期最盛大的典礼之一，即王太子路易（未来的路易十六）和玛丽·安托瓦内特的婚礼，当时两人分别是15和14岁。不过，吕利、拉朗德、库普兰将大卫的一首名为《天佑国王》的赞美诗改成了歌曲，用在了这次婚礼上。天主教士德高扎尔格，国王御用乐队的指挥，也专门为婚礼谱写了一首经文歌。

礼拜堂之后，在北翼建筑群的末端，通过盖斯戴乐楼梯（以建筑师名字命名），能够进入长廊状的**剧院**休息室，四扇对着花园的窗户使得屋子光照明亮。**剧院**休息室里面装饰着奥古斯坦·巴如，即路易十五的第一个御用雕塑家的作品——在门上面，是一组名为《年轻与健康》的雕塑。近景的右边，是名为《维纳斯解除爱神的武装》的雕塑。

在休息室的另一头，也就是壁炉的上方，有另一组叫作“富饶与和平”的雕塑——我们能从巴如的作品中看出简约和恬静的风格。整个剧院的装饰雕塑都出自巴如之手。
所有这些雕塑的原材料既不是大理石也不是石头，而是涂了白漆的橡木。

使人晕眩的楼梯连接五层舞台台仓，当时人们考虑在地面斜坡上不用挖地很深
就能建造（这座剧院）这些楼梯，所以选址于此处。

从舞台上看剧院的气势十分磅礴，正面的正厅后排的后面是楼厅。楼厅的第一排摆放着王室成员座椅以及王子、公主和公爵夫人们的凳子。用双层楼厅替代所有的包厢的想法来自于加布里埃尔，这样一来便提高了音响效果。所有东西都是木头制成的，所以连柱子和天花板都是空心的，这样更有利于音响效果。

第二层上有三间韦尔内装饰的包厢，这几间包厢十分特别，因为国王能在此秘密地出席观看表演。
包厢前面是一个镀金青铜栅栏，国王能从他的大套间通过这里直接进入剧院。

从国王包厢里往外看，用点缀着百合花的厚丝绸做成的帷幕不仅可以遮住舞台，也可以用来调整空间，同时它镶着金色流苏的蓝色翻边也给舞台框架装了边。帷幕在大革命的时候消失了，它们现在得以复原多亏了一幅画。这幅画由年轻的莫罗执笔，描绘的是王子与玛丽·安托瓦内特于1770年5月23日大婚的时候，皇家剧院里上演拉辛创作的《阿达莉》一剧的画面。

皇家剧院最早是路易十四在1748年就已有打算开建，但是20年以后，当人们决定在那儿举办王子和玛丽·安托瓦内特的婚礼时，剧院的建设仍旧在计划中。剧院在历经23个月的巨大工程后终于完工，并且大获成功，但同时，仅仅剧院照明每晚就需要3000只蜡烛，不得不承认其开支过于巨大。

在一个起重系统的作用下，剧厅可以快速地自我转换。这个系统可以将正厅后排位置上的镶木地板抬到圆形剧场和舞台的高度，甚至是在那里装上第二个舞台。同样，在绞盘控制下，林立的梁柱使得这些布景发生改变并带来了各种戏剧特效。这些机械的调校工作都是由路易十五时期一位非常有天赋的机械学家——布莱兹-亨利·阿尔努尔完成的。

需要回到礼拜堂的大厅才能重新回到**海格力斯厅**，回到那个用红色和绿色大理石铺砌墙壁的地方，位于国王大套间前面。因为它是最大的大厅，所以这里举办过大量的宴会和舞会，例如1739年1月26日为了庆祝路易十六长女的婚礼在这里举办的宴会，人群涌至，成千上万只蜡烛燃烧，欢乐热闹的气氛简直要破墙而出。

这座大厅里的众多优秀作品中，哪一件最值得欣赏？是弗朗索瓦·莱莫因在天花板上画的这幅名为《海格力斯的神化》吗？在这幅画中，朱庇特于众神的围绕中，在奥林匹斯山上接待了海格力斯。画上一共有142个人物，这不由使人想起那些伟大的威尼斯画家。
（这幅画完工于1736年，那一天，路易十五、王后和宫廷里所有的人在大厅的门口处就被这幅画惊住了。然而，画家却因抑郁症几个月后就自杀了。）

还是这幅委罗内塞画的名为《利百加在井旁》的画？它被放在壁炉上面（见第50页），是路易十四从银行家和收藏家艾佛哈德·亚巴克手里买来的。这幅画和委罗内塞的另一幅画是一对——即威尼斯的总督所赠与的《西门家的筵席》。抑或是这个城堡里最美的壁炉呢？它由质量卓越的昂坦大理石所制，安托万·瓦赛在上面装饰了镀金青铜，即过梁上装着海格力斯的头，支柱上装着两个狮子的头。

路易十四时期，海格力斯厅还没有完工。1710年，在原来礼拜堂的位置铺设了地板，而正式的装潢开始于1712年，于路易十四去世时中止。在海格力斯厅的后面，是**大套间**里一系列的房间，而大套间也被称为国事套间。为了体现太阳王的寓意，它最开始时是由七个名为“行星套房”的厅组成的，这七个房间以当时所知的并且与古代诸神相联系的七颗行星命名。

丰收厅（也叫力娇酒厅）位于海格力斯厅和国王大套间之间。在冬天的夜晚，为了娱乐宫廷生活，人们会在这里放三个大餐桌。中间的餐桌放热饮（咖啡和巧克力），另外两个放冷饮（力娇酒、冰冻果汁、果汁和红酒），我们称其为“套房晚会”。

但是，不是因为那些堆满食物的桌子，我们才称其为“丰收厅”，而是因为这里一开始是路易十四的珍奇屋和奖章陈列室的的前厅，如同画中的那样，表达了对于收藏于此的丰富藏品的敬意。穹顶上的三个人物分别象征“慷慨”“崇高”和“艺术”之神，连同其他人物一起，可使人们想起各式各样的丰富珍品，比如对于海神的敬意（见第56页），也是与海洋的富饶相关联。

事实上，路易十四在他的珍奇屋里放了很多珍贵的物品，其中一些被画在天花板四周的栏杆上，还有一些利用了视觉陷阱显得非常逼真。尤其是来自马扎兰枢机主教收藏的鲁道夫二世的碧玉高脚杯（第54页左）。高脚杯使用了26千克黄金，做成了一艘断了桅杆的船的形状（第54页右），是他最乐意展示给别人看的珍品。

和同时期的其他人一样，路易十四对古董也很感兴趣，而且很早就收集了一系列从古代艺术中汲取灵感的雕塑，以此显示他的国王身份。他是如此狂热地痴迷于此，随着凡尔赛宫的建设，这种狂热愈演愈烈。简单举个例子：仅在1679年，就有300个装满大理石的箱子从罗马送过来！有一些特别漂亮的，比如图片上这个骑在鱼尾马上的爱神，还曾经在丰收厅展出。

在这一连串大厅里，**金星厅**曾是大套间的第一个房间，一直到1752年，这个房间才被使节大阶梯上的双开门打开。在这个地方，晚上的时候会沿着墙边放三张桌子，桌子上放了一些堆成金字塔形的稀有新鲜水果、糖渍水果（深受廷臣喜爱）、小杏仁饼、放在银瓶里的果酱以及由穿蓝色制服的仆人们端上的冷饮。

有时候，人们在这个铺着大理石、装饰着青铜柱座和柱头的奢华房间里聊天、玩耍，在画家雅克·卢梭逼真的透视笔法下，两边的墙好像消失了一样。人们拥挤在这里，被聚会的人群所吸引，被用纯蜡制成的蜡烛发出的光所吸引。相比之下，这种蜡烛比油脂蜡烛要贵，但是它的优点是烟雾少。

在一个凹室里，南墙的中间，放着路易十四身穿罗马皇帝衣服的雕塑——时尚”的假发和古代的服装放在一起、大衣和护胸甲混搭在一起，年轻的君主（当雕塑完成的时候他还不到30岁）左手放在刻着戈耳戈面部的盾牌的头盔上，右手拿着一根手仗，这根手杖是他极其渴望向所有人展现他的权威的象征。

这是让·瓦林的杰作。但实际上他制作的纪念章比这些雕塑更有名气。在1629年到1630年间，他特别刻制了路易十三和里黎塞留枢机主教的像章，他甚至在1647年时成为了钱币和纪念章的总监督员（尽管人们怀疑他还是做了假币）。从这件雕塑作品上，我们可以看到这位纪念章雕刻家对于细节的喜爱。

金星厅之后是**狄安娜厅**，在众多的行星里，狄安娜是月亮的象征。在位于入口对面的壁炉上方，一幅名为《伊菲革涅亚的献身》的画占据了最好的位置。画中伊菲革涅亚将被她的父亲阿伽门农献祭给上帝时，狄安娜（阿尔忒弥斯）带着她标志性的箭筒，在最后一刻用一只母鹿代替了伊菲革涅亚。人们称赞此画的作者夏尔·德拉弗斯为“颜色的胜利”。

和金星厅一样，通过使节大阶梯可以到达狄安娜厅。该厅地面铺贴的也是大理石。厅中间摆着一张大台球桌。路易十四的医生规定他每天在晚餐之后打台球，以便做些运动来帮助消化，路易十四对此津津乐道，因此这间屋子又被称为“喝彩厅”。

1682年，路易十四住进了凡尔赛宫。这间最大的厅用于守卫国王寝宫的卫兵厅。它之所以被称为**“战神厅”**，是因为它是按照战争主题来装饰的。事实上，从1684年开始，便有两个乐台被安放在这里，以供音乐家在此演奏。这间配备了很多家具的大厅常常用作音乐厅或舞会厅，但最初的银制家具已经被镀金的木头和大理石代替了。

人们在这里庆祝了许多难忘的节日，所以整个18世纪，它都被叫作“舞会厅”，后来还曾经被海格力斯厅取代过。当卡尔·旺洛画的这幅玛丽·蕾捷斯卡王后身穿宫廷大套装，佩戴着王室珠宝的肖像在1747年左右被挂起来时，她已经被丈夫路易十五冷落很久了，一个人在凡尔赛宫的私人套房里过着平静而谨慎的生活。

玫红色锦缎做成的挂毯替代了铺贴的大理石。起初，**水星厅**是大套间的接见厅，但是到了冬天的时候，厅里的床就被搬走了，里面放上了12张供人们打牌或者玩骰子的桌子（路易十四最爱的游戏是国土佣仆和黑白棋）。
实际上，这间大厅几乎没有被当作卧室使用过，只有一次是用作路易十四的灵堂，摆放他的遗体。

在多盖绘制的玛丽·蕾捷斯卡王后大肖像前面，两个多支蜡台之间，有一件十分特殊的物品：自动摆钟。1706年，钟表匠莫兰德将这座自动摆钟献给路易十四。在钟面上，有两个爱神，他们每天打24次铃。铃声响起，摆钟中间的门便会自动打开，然后国王会走出来，太阳会出现，女神也会为国王戴上桂冠。

在天花板中央，墨丘利骑着公鸡拉的二轮马车出现，但是画家让-巴蒂斯特·德·尚帕涅——大菲利普·德·尚帕涅的侄子，在拱形穹顶上突显了一种不太严肃却更有寓意的绘画风格，提醒人们墨丘利同时还是科学神。在画中我们还能看到右边拿着尺子的几何学神和对面的算术之神。

这张华丽的床是最开始太阳王放在这里的那张吗？大厅里所有的家具都在大革命时期散乱掉了，人们用许多块旧的刺绣重造了这张床，而且这些刺绣是路易·菲利普在1833年买来并修复的，据称是源于“路易十四的床”。
镀金的木头是由他的高级木工乔治-阿方斯·雅各布-德马尔特所制。

我们随即来到了大套间中最大、最豪华的一间：**阿波罗厅**。它曾是王座厅，国王在里面接见众人，而阿波罗厅也被用作芭蕾舞厅。这里铺天盖地的豪华装饰令同时代的众人十分着迷——第一个王座（为满足战争需求而建）镶满了银饰。然而国王却很少使用它，因为他在参加音乐或舞蹈演出时，喜欢随意地坐在舞台边缘。

王座厅的功能与夏尔·德·拉福斯画的天花板惊人地协调一致：天花板中间画的是阿波罗驾着他的双轮战车，四周陪伴的人物分别象征着法国、四季，还有慷慨和崇高这两个“太阳般”的美德，而这幅画整体则象征着四个大陆。这幅画也是路易十四座右铭的例证：Nec pluribus impar，即“在所有人之上”。

如同其他厅一样，拱顶上画的都是古代历史里的一些大事件，并展示了一些大人物的优秀品质。路易十四自认为拥有与他们相同的品质——如同天花板上那幅展现了“太阳般美德”的画。
波罗斯被带到亚历山大大帝——这位刚刚在希达斯皮斯河战役里征服了印度国王的崇高胜利者——面前，不仅饶了波罗斯的性命，还将王位归还给了他。

这个头盔属于罗马帝国皇帝奥古斯都，他下令修建了米塞诺港，如同路易十四下令建了罗什福尔港——路易十四与奥古斯都有另一个共同点，就是他们都非常擅长展现他们的权力。
我们可以再次欣赏早已在狄安娜厅就认识过的油画家夏尔·德拉弗斯的一些特点。另外三幅拱顶画的作者——加布里埃尔·布朗夏尔——也具备和他同样的特点。

下面的这个厅原来应该是**朱庇特厅**，曾被用作国事会议室。直到1678年，在签订宣布荷兰战争结束的《奈美根条约》后的第二天，路易十四决定将凡尔赛宫当成他的政府的中心。他计划在宫殿里建一间可以用来接待客人和举办宫廷官方庆典的长廊。为了颂扬皇室的胜利，朱庇特厅变成了战争厅。

在一个用浅浮雕关闭的假壁炉面板上，装饰着《克利欧撰写国王的历史》，壁炉上方的《海格力斯，戴着奈迈阿的狮子皮》则再一次象征着君主的力量。

这个假壁炉的作者是安托万·柯塞沃克，他还创作了这个用仿大理石做的椭圆形浅浮雕《骑马踏敌的路易十四》——被荣耀包围的路易十四脚踏着他的敌人们。吹奏小号的天使、武器雕塑和一连串的俘虏完整地呈现出了战争的画面。

安托万·柯塞沃克是这样处理这个浅浮雕的：马头很突出，但臀部却很扁平，事实上，这幅作品是他的杰作之一。
他在表现骑士方面具有无可争议的精湛技艺，但在描绘人物肖像方面更加出类拔萃。

在镜厅另一端的和平厅里，诸多雕塑作品与战争厅里的雕塑遥相呼应。戴着猫头鹰头盔的智慧女神密涅瓦替代了海格力斯。两个厅里的装饰属于同一时期，但是这里的这些却令人想起一个胜利的、和平的法国。他伸出橄榄枝给自己曾经的敌人们，即神圣罗马帝国、西班牙和荷兰。

两侧的大厅直接通往**镜厅**——“世界上独一无二的皇家之美”，塞维涅侯爵夫人写道——对着花园的大玻璃窗，吊灯和镜子的光彩使这一连串的房间变得更加光鲜艳丽。

这里过去是供人们散步和会面的过道，廷臣们经常来这里，而且这个过道连接了国王大套间和王后大套间，
国王甚至每天都经过这里去皇家礼拜堂。

当君主想要隆重地接待一个外国使团的时候，也会使用这个长廊，这就是为什么这里的家具器物很少的原因，基本上只有一些大烛台。国王宝座被放在镜廊尽头的讲台上，也就是和平厅那一边。那些被接见的特使，比如热那亚总督、泰国大使（1686年）、古波斯大使（1715年），或者土耳其帝国大使（1742年），都是在庭臣们的夹道欢迎中登上长廊的。

放在这里的24个镀金木制大烛台，是根据1769年为准备王子大婚时使用的大烛台的样式而制作的。它们有两种样式：一种是尼古拉-菲利贝尔·弗利佑雕刻的孩子形象，另一种是皮埃尔-埃德姆·巴贝尔雕刻的女人形象。它们的上面是枝形烛台，装饰着能够反射光线的水晶。这些烛台使只在节日晚上挂的20多个水晶吊灯变得更加完整了。

朗斯大理石做的壁柱上的青铜柱头镀金与大烛台的镀金相对应。在科尔贝尔的要求下，由勒·布朗描绘出法国的徽记——两只雄鸡之间，一朵百合花位于皇家太阳之上，象征一种新的被称作“法国秩序”的典范。

357面锡汞混合制作的镜子点缀着17个面对窗户的拱孔。这些镜子证明了新的皇家制镜工厂的卓越品质。为了和威尼斯的玻璃厂商竞争，科尔贝尔在圣戈班开办了这座新工厂。也正是因为安装了这些镜子，这个之前还被称为“大长廊”的走廊有了“镜廊”这个新名字。

镜廊上的17扇窗户外面便是广阔的花园，展现出一片被重新整理过的“法式”大自然。它的首要目标是从经济上、艺术上、政治上，
当然还有军事上颂扬法国的强大和精髓，如同拱形穹顶上的绘画所展示的那样。

镜廊的天花板是整个宫殿里最大的——这幅面积超过1000平方米的画来自夏尔·勒·布朗工作室，他的画作展示了路易十四统治的成就。拱形穹顶上是作于1672年的《德国和西班牙与荷兰的结盟》，这幅画将战争厅的装饰与镜廊连在一起。画中的胜利女神拿着纳尔登战役的战旗，显示国王刚刚赢得了这场战役。（图片左上方）

在这些巨大的画作旁边，八角形的浮雕展现出了王室内阁的一些重大决定：如这幅图所示，他们从英国新教徒手里买回了敦刻尔客城，并让城市回归到天主教，这也体现了信德的价值。

点亮的镜廊使人想起曾在这里举办的一些庆典，尤其是王太子和西班牙公主的婚礼，即从1745年2月25日开始到26号夜里才结束的化妆舞会。共有1.5万人参加了这次舞会，路易十五更是用紫衫乔装打扮，以借此机会向一位大家不认识的美丽女人献殷勤。女人的微笑很迷人，不久之后路易十五就把她变成了蓬皮杜夫人。

画家夏尔·勒·布朗总是能很好地将路易十四的想法表现出来，因为他懂得如何使路易十四的荣耀永存。装饰镜廊的这27幅作品可以说是一场“表现国王权威”的革命，国王的主题无处不在，但是这些作品又都可以归结为这幅放在中央的面积最大的画——《国王自治》。

大量的大理石、八座罗马帝国皇帝的半身像、仿古雕塑和巨大的烛台都在表明一个新的罗马帝国正在凡尔赛宫建立。外国大使们无法对这样的印象无动于衷。圣·西蒙写道："这种印象推动了整个欧洲对国王的愤怒。"可见帝国宰相俾斯麦在1871年选择这里来签订宣布1870年战争结束的预备性条约就不足为怪了。

离开了镜廊就意味着离开了历史上最著名的聚会场所之一。就是在这座平台上，教宗庇护七世在1805年为众人祝圣，拿破仑三世和欧仁妮女皇在1855年接待了维多利亚女王，普鲁士国王在1875年成为德意志的国王——就在巴黎公社的议员们将镜廊当成他们的住处后不久，也是在这个平台上，人们于1919年签订了《凡尔赛条约》。

在镜廊南侧，我们首先进入的是和国王大套间对称的**王后大套间**。这里原来是国事议会厅，后来变成了和平厅，但不久之后就被年轻的勃艮第公爵夫人占用了，而不是被死于1683年的玛丽·泰蕾丝王后占用。勃艮第公爵夫人是路易十四孙子的妻子，国王从不拒绝她的任何要求。作为王太子妃的她几乎扮演着王后的角色，还在房间里放置了两张游戏桌和一张台球桌。

后来，为了将这个房间和镜廊隔开，同时也是为了让玛丽·蕾捷斯卡王后能在这里进行她最爱的两项娱乐活动——音乐和游戏，人们在这里装了一个活动隔板。她每天都在这里玩一种赌博游戏，还能让国王心甘情愿地为她偿还在赌博里欠下的债务。也许玩游戏是为了排遣她的无聊……但是伏尔泰认为这不过是徒劳之举，“我们相信游戏能够给人慰藉/但是烦忧却正一步步走来/走到赌博游戏的桌子旁/坐在两位陛下之间。”

在隔壁的**房间**里是为玛丽·蕾捷斯卡王后制作的一件洛可可式装饰品，虽然全部是白色和金色，却并不显得沉闷。设计师加布里埃尔和雕塑家与装潢艺术家雅克·威尔伯克的这件作品，几乎使得玛丽·蕾捷斯卡王后生活的大世纪的建筑风格都黯然失色。在这间房间里，令人印象最为深刻的还是用来装饰壁炉的迷人的玛丽·安托瓦内特大理石半身像。这座半身像是菲利克斯·勒贡特在1783年为她雕刻的。

人们又照着1789年10月6日那天的样子重新布置了房间。那一天，在革命者的压力下，玛丽·安托瓦内特匆忙地离开了凡尔赛宫，再也没有回来。我们在这里找到了“天棚床”和华丽刺绣的帏盖，床上铺着的她用过的绗缝棉被、折叠凳（1769年或者是1773年送过来的）、照原样重做的将凹室与房间隔开的床栏、装饰着镂空青铜的红纹大理石壁炉、1787年放在那里的火炉（壁炉上的装饰品）和华美的首饰柜等。

人们根据保留下来的碎片重织了挂毯。这些挂毯见证了里昂手工艺者的精湛技艺以及玛丽·安托瓦内特对花环和花束状花朵的喜爱。玫瑰、勿忘我以及三色堇……这些都是夏天的挂毯，到了冬天，大套房里都会铺挂很多厚重的锦缎，色彩缤纷。但在1789年10月6日时，房间里摆放着的仍然是夏天的家具。

装点着孔雀羽毛的丝绸挂毯以及镀金的木器放在一起，使得凹室显得极其豪华。这间王后的房间曾经是接待厅。早晨，她在洗漱的时候会客，这个时刻的仪式感十足，和国王起床时一样。“中午我们召唤仆人进来，这时候每个人都能进来。我在众人面前洗手，涂口红。”年轻的王后给她母亲写的信里这样说到，“然后男士们出去，女士们留下，我在她们面前穿衣。”

为了迎接王太子妃的入住，本着尊重天花板风格的原则，于勒-安托万·卢梭在1770年重新制作了角落里的镀金木制雕塑：狮子们位于三角架的两侧，在这个三脚架上刻着两个象征法国和奈瓦尔军队的徽章，它的周围裹着能遮住穹棱肋的大呢绒。奥地利军队的武器在路易十四曾经的宫殿里出现，这实在令人吃惊，但同时也表明了人们对这次联姻的重视程度。

有人利用了房间的天花板状况不好需要重新修葺作为借口，所以玛丽·安托瓦内特曾在一楼暂住过。事实上，因为玛丽·蕾捷斯卡王后在1768年的时候就去世了，玛丽·安托瓦内特作为王太子妃，本可以马上搬进王后的房间的。屋子里的家具和挂毯都被换过，但是后来因为蕾捷斯卡王后的个人品味和任性而改过几次。

在这些木艺雕刻中，刻着雄鸡的床头是复制的。它本来是1769年从雕刻家杜桑·弗里奥那里订购的，后来又被修饰过很多次，最后一次是在1787年。面对如此精湛的手艺，人们无法不提及这个三代人都供职于皇家家具及艺术品部门的细木工匠和雕刻师的家族，尤其是尼古拉·吉尼贝尔，这件伟大作品的作者，他能够使天才们聚在一起共同合作。

也是在这个时代，花边制作达到了空前豪华和完美的程度——在路易十五和路易十六时代，洛可可风格的出现伴随着大量的穗子、流苏坠子、莫塞林纱（卷曲的拆散的垂花饰）和茉莉花（仿造的花）的使用，以及对淡色日益增加的喜爱之情。

在挂毯后的细木护壁板右侧有扇半掩着的暗门。1789年10月6日，玛丽·安托瓦内特为了躲避革命者们的疯狂行为，就是通过这扇门，从里面的套间逃了出来。房间里最杰出的作品是放在床栏后面的华丽的珠宝柜。这个柜子是王后专属，由桃花心木和镀金青铜所制，出自当时最优秀的艺术家之手，尤其是木器大师琴施威弗格和青铜器制造大师托米尔。

对珠宝情有独钟的王后在1787年亲自定制了这件高2.6米、宽2米的家具。这是家具史上最奢侈的家具之一。家具中间的壁板上装饰着浅浮雕。浅浮雕上雕刻着法国的化身——艺术之神，代表四季的女像则分列在他们周围。家具的下方是装饰框，以单灰色绘制了古时候的故事。

1786年，玛丽·安托瓦内特命人换掉了壁炉。原来的壁炉是由安托万·瓦塞为玛丽·蕾捷斯卡皇后制作的，与海格力斯厅的那座一样。根据加布里埃尔的手绘图，雅克·威尔伯克雕刻的洛可可式细木护壁板并没有被替换，上面装饰着玩耍的孩子、贝壳、花朵和树叶做成的花环。

如同天花板上的画一样，四幅弗朗斯瓦·布歇的单灰色图画也得以保存。洛可可式的边框内画着的人物是皇家品德的象征——在这里是仁慈的象征。原来那些古代讲究排场的王后们（狄多、尼托克里斯、克娄巴特拉七世）的画像在1735年被能够体现皇家品德的形象所代替，她们与玛丽·蕾捷斯卡温柔的个性实在不太相符。

有什么房事秘闻吗？王子在众目睽睽之下上了新娘的床。对于还是少年的路易和玛丽·安托瓦内特两人来说，他们刚开始的房事生活并不容易。是压抑，还是害羞？总之，他们的新婚之夜是彻底地失败了，随后仅有的几次尝试也均以失败告终。情况变得令人担忧。姐夫约瑟夫二世的鼓励对路易来说十分重要，他还接受了一个小手术。终于在七年之后，路易和玛丽的婚姻才算是真正圆满了。

玛丽·安托瓦内特在这间屋子里当着很多人的面分娩，甚至包括她的四个孩子——1778年出生的玛丽·泰蕾兹、1781出生的路易·约瑟夫和路易·夏尔，以及1786年出生的苏菲·碧雅翠丝。在他们之前，15个其他王室的孩子都是在这个面向橘园和南花坛的房间里诞生。透过门窗玻璃，他们第一次接受了阳光的洗礼，其中包括路易十五的两个儿子和八个女儿。

王后就是在这间隔壁的屋子里接见访客以维持自己的社交圈子的。她坐在面向窗户的扶手椅上，女官们坐在房间四周的折叠椅上。玛丽·安托瓦内特特别挑选了淡绿色锦缎来制作挂毯，还向她最喜爱的木器师里茨内尔订购了衣柜和桃花心木做的墙角柜，柜子上装饰着与深蓝色壁炉相配的青铜。在她的统领下，这个厅又被称作**贵族厅**。

接下来是餐厅。餐厅又被称为**正式晚餐前厅**，路易十四每晚十点都和家人在此当着一群廷臣的面用餐，只有他的家人有权利和他坐在一张桌子上。路易十五逐渐取消了这种做法，直到后来路易十六和玛丽·安托瓦内特又恢复了惯例。每个周日晚上，国王和王后都要坐在一起背对着壁炉吃晚餐。这肯定是个让王后倍感无聊的地方，所以她才会命人在这里设置了乐台。

到了路易十六时期，银制餐具基本替代了路易十四时的金制餐具。但这些银制品也依旧光彩夺目。虽然后来银制餐具随着法国大革命一同消失了，但是它的制造者——优秀的金银匠罗伯特·约瑟夫·奥古斯特还在继续为其他欧洲皇室制造银制餐具。这些欧洲皇室也采用了这种法式的设计特色：从这个为英国国王制作的餐具上，我们能够辩认出他最喜爱的图案之一——两个拥抱在一起的孩子，这实际上是餐具的把手。

餐厅曾经是王后守卫的卧室，这也解释了为什么天花板的装饰战争味十足——最初挂在天花板上的是维尼翁的一幅画着战神的画（在19世纪时被这幅《臣服于亚历山大大帝脚下的大流世家族》所替代），
画的两侧是两幅椭圆形画像：一幅是《狂怒和战争》，另外一幅是《贝罗纳用火把烧了库柏勒的脸并放跑了天上的爱神》。

通过这道**大理石楼梯**（使用法式方砖）可以从一楼进入王后大套间。楼梯只有台阶是大理石制的。右侧墙上装饰着一幅宫殿的图画，画中的人都穿着东方式样的衣服。
“这是凡尔赛宫使用最频繁、也最为人熟知的楼梯”，1703年，记载国王建筑的史官菲力毕安·德·艾翁这样写道。右侧的门通向**王后守卫大厅**。

12个守卫日夜待在这里，待在这个从17世纪开始就没有改动过装饰的房间。1789年10月6日，饥饿与愤怒的革命人群打着反对“这个奥地利女人”的旗号，从前夜开始就在凡尔赛宫游荡，并且在雨中等了一整夜。他们在黎明时强行打开王子庭院的栅栏，但大宴会室正式晚餐前厅的门被迅速锁住，人群无法前进，只能重新返回国王大套房的方向，这才给了王后逃跑的时间。

国王的**第一侯见厅**位于守卫室和牛眼厅之间，主要装饰着从约瑟夫·帕罗赛尔那里订购的骑兵部队突击和战役的画。路易十四很欣赏他的作画技艺。每个周一的早晨，人们都会在这里摆放一张铺着绿色天鹅绒的桌子，而且每个人都可以把自己的诉求放在桌子上。

这个房间曾经也被称为“国王的正式晚餐前厅”，因为国王每天晚上十点在这里和家人一起伴着音乐用餐。路易十四从不违背这个日常惯例。他的扶手椅四周摆放着许多为宾客们准备的折叠椅。这是个允许旁人进来观看的场合——公爵夫人坐在第一排，其他廷臣或者好奇的观众则站在后面。

1684年，因为大套间不太方便使用，路易十四重新搬回了"旧宫"，也就是对着大理石庭院的原来的王后套房。通过大理石楼梯上方巨大前厅也能够进入这个房间。1701年，人们为了打造一个大会客厅，便将两个房间连在一起，成为了现在的**牛眼厅**。廷臣们就是在这里等候国王的召见。

除了由萨伏纳里厂手工制造的漂亮屏风和皇室肖像之外，更加引人注意的是一对（并不是真的一对）放在壁炉上的14世纪的中国青瓷花瓶。路易十六和玛丽·安托瓦内特在1782年奥蒙公爵物品的拍卖会上拿到了这对花瓶。这场拍卖会在当时造成了轰动。奥蒙公爵是当时最大的艺术品收藏家之一，尤其热衷于从世界各地收集中国和日本的瓷器。

在修建这间足有20米长的**大房间**时，人们也加高了天花板的高度，所以足够在房间门的上方建造一个椭圆形的门窗洞——看上去像是一只牛眼，这也是这个厅名字的来源。
牛眼厅的南侧面向王后庭院，光线十分充足。

挂在天花板上的条形装饰是路易十四订购的，装饰着浅浮雕，上面用镀金仿大理石雕刻着玩耍的孩子，而底面则是镶花的菱形方砖。这种早期的洛可可风格很是奇特，也许是受到了勃艮第公爵夫人的影响。那时候的她只有14岁，却凭借她的纯真和幽默征服了国王。国王为她在动物园处重修了一套房间。而在两年之前，他在重建设计图上写道："处处都应有童年。"

国王的起床礼很复杂，但是只有30多个廷臣——其他人最多只能进入隔壁的镜廊——有幸进入国王的**房间**，站在镀金床栏的另一侧观看国王起床。他的起床礼是如此的固定，以至于圣·西蒙写道："一本日历和一只手表在手，即使是在300英里开外的地方，我们都能知道他在做什么。"起床礼在路易十四时期几乎从未变过，但在他的继承者中就很少有人这么做了。

八点到八点半的时候，卧室里的首席仆人叫醒他："陛下，起床的时间到了。"然后国王的主治医生和主治外科医生走进来为他检查身体。接着侍卫长打开床边的窗帘，让他阅读圣神的日课经，并将晨衣递给他。不久之后，"高贵的廷臣"先走进来，"所有人"都可以观看他穿鞋和每两日一次的剃须。然后国王开始祈祷，最后进入办公室。

从亚森特·里戈1701年画的这幅国王大肖像可以看到一双非常时尚的红跟高跟鞋。据说这股时尚的潮流是他的弟弟无意中引起的。这位从狂欢节的娱乐中回来的先生，穿过了巴黎的圣婴街。这条街是屠宰牲畜的地方，所以当他到达会议室时，他半筒靴的鞋跟上都溅上了血渍。

安托万·柯塞沃克在1679年到1682年间制作了这座路易十四的半身像，也延续了其国王肖像雕塑作品的一贯风格，不仅表现了现实主义，同时展示了精湛的技艺——40多岁的国王，微微发福，表情坚定的脸上留着细长的小胡子。在1690年前后国王的小胡子被刮掉了，因为他早早就秃了顶，所以就让沉重而卷曲的假发成为了时尚。

皇家房间里所有的饰品都是金子做的——帏盖床上方挂着鸵鸟毛和白鹭毛，还有一座雕塑。雕塑是尼古拉·茹斯杜的作品，用仿大理石制作的，名为《法国保护沉睡中的国王》。房间里装饰了很多壁柱和栏杆（一部分是原物），依据一种从日耳曼国家流传过来的时尚，将凹室与房间里的其他部分隔开。冬天时挂毯的底色是梅红的，上面绣着金线和银线。

房间装饰中大量使用了黄金，这种方式也延续到了天花板的装饰上——这个房间有两层楼高——让人不禁想起路易十四的太阳。同时，这种设计也是为了提醒在这里得到国王召见的欧洲大使们，法国是一个富饶、强大的国家。路易十四的卧室位于宫殿中央，象征着法国的中心。这是对王室职能的赞美。即使是国王不在的情况下，来觐见的人也要在床前鞠躬。

凹室里最初的挂毯因为太过破旧（已经修补过很多回）在1785年被毁掉了——路易十六命人烧毁挂毯的时候，从中回收了60多千克的金子。后人根据保存在国家家具馆的样品，于1957年到1979年间在里昂用手动织布机重织了照片上的挂毯，后来才发现挂毯上的图案和王后卧室里的是一样的。

在这里曾经挤满了幸福的大臣，他们被召见来观看国王如何起床、入睡，甚至“身穿睡衣”（国王一个人用晚餐或者吃夜宵时）。在大厅后方是一座面对着大理石庭院的阳台。在那里，1715年9月1日，时间刚过8点15分，布永公爵出现在众人面前宣布道：“国王去世了。国王万岁！”那是路易十四刚刚离世的时刻，他结束了长达72年的统治——他是法国历史上统治时期最长的国王。

国王可以从卧室直接进入**内阁会议室**。这间卧室是宫殿里最重要的房间，也是承载着最多历史的房间，因为从1682年到1789年，国王最重要的决定都是在这里做的。在当时的法国，重要的事情都是由国家议会来处理的。在路易十四时期，这个议会只有五名部长的名额。这些由国王亲自选定的部长可以待在二楼的会议室内，接着人们很快就会得知他们的名字。

这个房间原来很小，直到路易十五时期，在1755年，并入了原来的假发室，才扩大了一些。这是第一次没有选择威尔伯克特来做装潢工作，而是交给了昂热-雅克·加布里埃尔和于勒-安托万·卢梭。上面看到的天使儿童像，和青铜匠贾丽昂制作的挂钟上的一样。会议室里也装饰着和这个挂钟上一样的小天使。象征着战神的戴着头盔的孩子手捧路易十四的圆形画像，而爱神则用敬仰的眼光看着他。

工匠们根据专为路易十五设计的样子在里昂重新编织了蓝底金花的丝绸锦缎，制成门帘以及桌凳上的毯子。
虽然丝绸线和金线织造的布料与锦缎很像，但锦缎在那个时候更受欢迎。

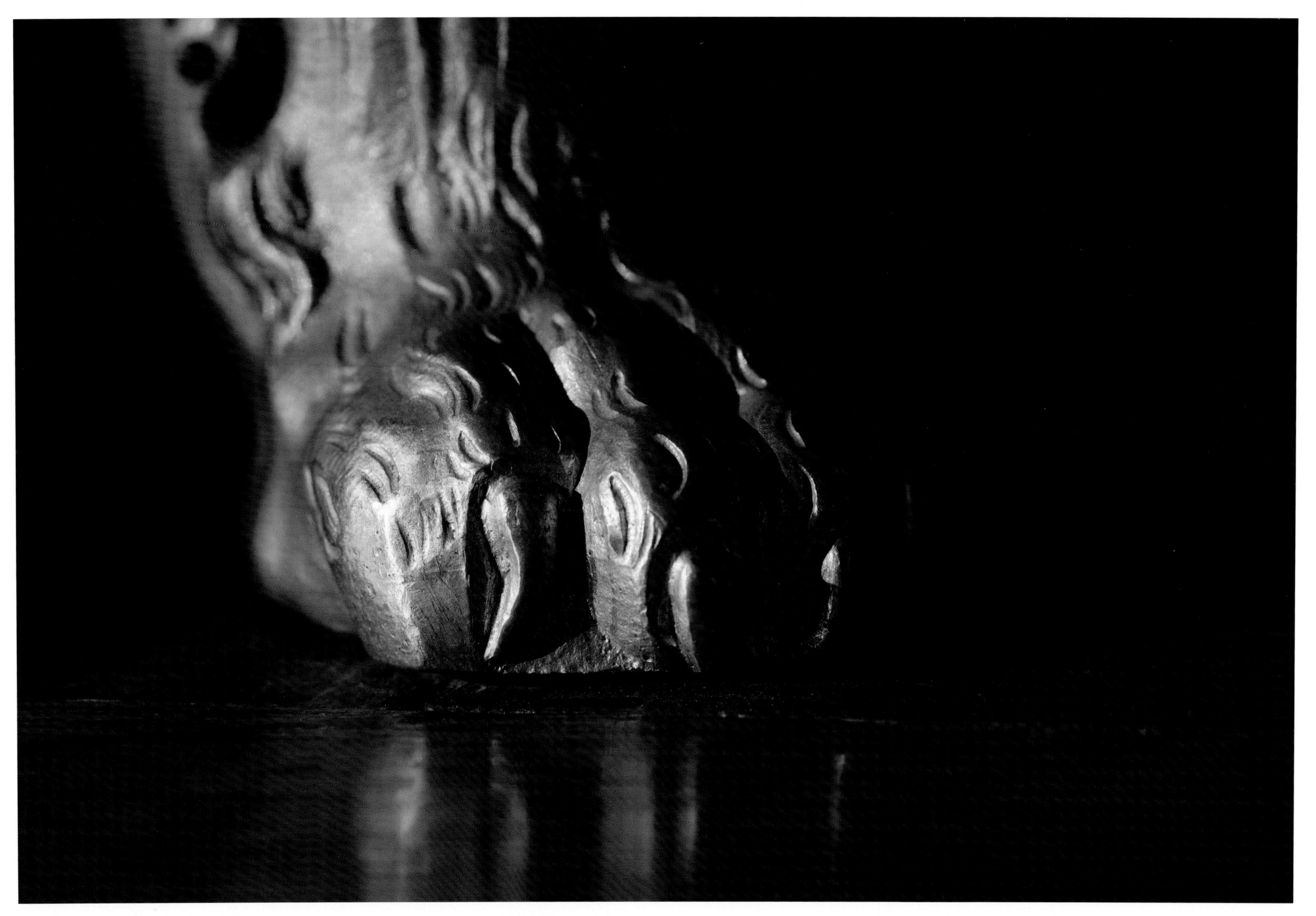

一般认为这个桌脚是木器大师夏尔·科里森的雕刻作品。由于在作品上署名的规定是在1743年之后才开始实施的，所以在这件作品上并没有科里森的签名。而之所以大师没有署名，是因为除了木雕外他还制作青铜雕，不署名也是为了避免与铸工-雕刻工行出现纷争。
1919年6月28日，就是在由这个桌脚支撑的办公桌上，在镜廊里，人们签订了结束了第一次世界大战的《凡尔赛条约》。

这是一尊用斑岩雕刻的亚历山大头像，放置在红色大理石的方形底座上。这件作品来自黎塞留主教的收藏，他的侄子曾将其送给了雕刻家弗朗斯瓦·吉拉尔东。吉拉尔东对雕像做了修补，还为它披上了绿色脉纹大理石做的盔甲和镀金青铜做的披风。这是一个非常“路易十四”的标志。路易十五在1738年将其买下，并且摆放在会议室里。

这把胡桃木雕刻的镀金椅子最近才加入凡尔赛宫的收藏。国王是唯一能坐在这把椅子上的人。当他不在的时候，椅子就空着。
议会的其他成员则坐在从弗利佑家族订购的折叠椅上。

路易十五认为国王的卧室又冷又不方便，于1728年搬进了隔壁的房间。这里曾是路易十四用来存放他的珍贵藏品的房间。显然这是一间更为舒适的新套房——而且并不会妨碍他每天早晨穿着睡衣穿过会议室，从而满足起床礼的需要。

寝宫面积较小而且朝南，使这个曾经是台球厅的房间更容易暖和起来。不仅如此，这里还远离庭院的喧杂，国王在这里也能享受到一份极大的私密空间。房间门上挂着国王女儿们的肖像，左门上是亨丽埃特夫人在弹奏低音小提琴的画，右门上则是阿德莱德夫人的肖像。装潢华丽的细木护壁板是由雕刻家雅克·维尔贝克特完成的。

挂毯后面藏了一扇对着**衣橱**的门。1788年，衣橱被改建成路易十四的工作室，用卢梭兄弟（他们的父亲是曾经为会议室装修的于勒·安托万·卢梭）做的细木护壁板做的装饰。
从这些装饰框中可以找到很多工具，显示出路易十六对当时的技术和新事物的极大兴趣。

红纹大理石壁炉上装饰着漂亮的镀金青铜，上面放着一面巨大的镜子。通过这面镜子可以看到面向雄鹿院的两个窗口之一。镜子前方的两个瓷瓶显示了路易十六对瓷器的喜爱——他收藏了100多件塞夫勒瓷器。
藏在细木装饰后面的两扇门分别位于壁炉两侧，右侧的这扇门后是英式马桶。

这把锁的设计和制作也堪称精良，与壁炉镀金青铜的瑰丽相互匹配。锁上装饰着带翅膀的妖怪，这是艾迪安·福雷斯蒂尔的作品。
福雷斯蒂尔也和木器大师奥本及里耶斯内尔合作。

为了使这件昂贵的白色与金色相间的装饰尽善尽美，工匠在环绕着百合花纹饰的大壁板中间插入了一些精细地装饰着爱神木叶饰的小壁板。
照片中这件装饰上停坐着一只猫头鹰，它是密涅瓦（艺术和科学女神）的象征。

这个房间是以屋子里最有吸引力的物品命名的：**钟室**。这座2米多高的天文钟就像日晷钟面上写的那样，由工匠克洛德-西梅翁·派斯芒发明、路易·多迪奥制造。路易花了12年的时间完成了这座世界上独一无二的机械装置。这座钟能够计量最精准的小时、星期、年月日和月相。

装着贵重机械的盒子是用镀金青铜制作的，采用了洛可可式风格。这个盒子是雅克·卡菲耶的杰作。盒子上摆放着一个水晶球，球的内部是根据哥白尼的地圆说原理制成的展示行星运动和星座的浑天仪。
面对着太阳（见第140页）的地球上刻着代表每个国家的主要城市名。

这一系列国王内部套间，可以通过**狗屋**进入。而之所以这么称呼它是因为路易十五曾在这里为他最喜欢的小狗们安家（米妮奥娜、希薇、非鲁——多亏了屋得利绘制的画像，我们才能认出它们）——这间屋子和叫作“国王的台阶”的楼梯相连。护壁板的设计很有意思，它们以前属于路易十四的台球厅，后来才被改成了卧室间。

隔壁的这间房间也面向雄鹿庭院。在路易十五时期，它被称为**“狩猎归来餐厅”**——一个星期内有一次或两次，国王会宴请那些陪伴他打猎的人——几乎是清一色的男人。到了路易十六时期，这个房间就失去了这项功能，而是被用来存放家具或一些珍贵的物品和纪念品。比如在两扇窗户之间的漂亮木制浮雕就是雕刻家欧贝尔·帕朗在1777年献给国王的。

我们可以欣赏到路易十五从雕刻家勒迈尔那里订购的大晴雨表——可惜的是这个晴雨表直到1775年他去世后才被送过来。大晴雨表先是被放在钟表室里，见证了那个时代的人们对气象学的热爱。我们还能看到一颗放了很多军事战利品的月桂树和一颗皇家军用球，以及由两个长着翅膀的孩子支撑着的日晷钟面。

这座外套下穿着盔甲的路易十六半身像是1774年从奥古斯坦·巴如那里订购的复制品——奥古斯坦·巴如是深受国王喜爱的雕刻家，然而这件作品却同这位并不好战的年轻君主的个性大相径庭。20岁的路易十六是一个受人喜爱的、个性温柔的学者，地理学的专家，十分热衷于力学、物理学、化学和电力学。从143页欧贝尔·帕朗制作的浮雕上可以看到路易十六用过的曲轴。

路易十五和路易十六一样，都和部长们在**内务办公室**工作。这间办公室面向大理石庭院和皇家庭院，人们可以沿着国王小庭院找到这里，这也是为什么人们又称它为“角落办公室”的原因。由威尔伯克特制作的白色和金色护墙板在1753年替代了梅红色的锦缎，在这之后房间的装饰就没有变动过。房间里的家具在经历了革命风暴后得以幸存，不得不说是个奇迹。

这是路易十五别致的翻盖办公桌，由木器大师让-弗朗斯瓦奥本制造，显示出复杂的机械（所有的抽屉和活动板都由一把钥匙锁上）和完美的样式。
这件作品由奥本的学生里耶斯内尔完成，还将路易-巴特勒密·艾尔维耶和让-克洛德·杜普勒斯制作的青铜器装饰到了桌子上。

壁炉上面的镀金青铜挂钟上刻着“象征法国的密涅瓦智慧女神给象征路易十五的玛尔斯战神戴上王冠”，这是约瑟夫-莱昂纳尔·罗克的杰作。
罗克是著名钟表匠和机械工程师，也为国王制作了很多其他钟表名作。

路易十五的办公桌正对着巴黎大道，视野宽阔。他还能在这里监督进出城堡的四轮马车。然而，他一个人伴随着嵌进办公桌的双面钟（由钟表匠勒平制作）的滴答声，在这里度过了漫长的时光——小时、分钟，甚至是秒。
国王是一个神秘的男人——“他个性隐秘，难以捉摸的不仅仅是他的秘密，还有他内心深处的想法。”吕讷公爵如此评价他。

国王办公室的旁边是一间附属办公室，是路易十五收快件的地方。18世纪40年代的外交很复杂，关于奥地利王国继承问题的矛盾使整个欧洲四分五裂。路易十五组织了一支间谍队伍，这也不是太令人惊讶的事情，而且队伍中还有他的表弟、孔蒂亲王，以及著名的德翁骑士。他在**快件室**里阅读他们的报告，即使是对他自己的外交国务秘书舒瓦泽尔，这些报告都是保密的。

快件室对着国王小庭院，通向国王台阶。窗户旁边挂着的是路易十六的表箱。这个表箱是路易十六从钟表匠罗伯特·罗本那里订购的，由让-亨利·里耶斯内尔在1790年完成制作。表箱上装饰的是武器和王冠，周围围绕着象征时间和荣誉的两位爱神。从表箱我们不难看出路易十六对钟表的喜爱，他也算得上名副其实的钟表收藏家。

从快件室也可以直接进入镀金室。在这个闪闪发亮的房间里，大部分壁板都是由加布里埃尔和维尔贝克特完成的。路易十五曾打算把这个房间留给他最喜爱的女儿——阿德莱德夫人。在这里，阿德莱德夫人师从格尔德尼学习意大利语，又师从博马舍学习竖琴。后来，她搬去了一楼，路易十五便用这个房间来招待客人，请他们喝咖啡、吃巧克力。

有段时间，路易十五把他的金制餐具放在这里，因此这里也被称为“金色餐具厅”。但是相比餐具而言，屋子里别的物品和家具更能体现出国王的品味。
例如他收藏在左侧纪念章存放柜上的纪尧姆·白尼曼的作品，其鸟类、蝴蝶和植物的装饰是由固定在玻璃后面蜡板上的羽毛和蝴蝶翅膀制成的。

这扇窗户正对着皇家庭院，而右侧的阳台则属于路易十五的私人办公室。这个房间里保存着一份令人动容的回忆：就是在这里，1764年4月17日，国王心碎如泥。“尽管糟糕的天气像是对这个场合的嘲笑”，国王还是站在阳台上，在蓬巴杜夫人的葬礼车队离开的时候（他没能陪伴在她身边），目送车队直到它消失在视线里，然后回到办公室，“两颗巨大的泪珠在脸颊上滚落”（杜佛尔·德·切沃尼）。

可当我们回过头来再看，也可以想象到这样一幅令人愉悦的画面。太子妃和夫人们、国王的女儿们都围绕着莫扎特。这是他第一次演奏羽管键琴，而且是在皇室成员面前。
年幼的沃尔夫冈（即莫扎特）当时只有6岁，和妹妹一起被父亲列奥波尔德带到巴黎，被展示在众人面前。

路易十六曾在镀金室尽头的小房间里放了一张漂亮的细木镶嵌方桌。这张桌子是木器大师西蒙·欧本在1756年为路易十六的父亲路易王太子制作的。路易十六将这个房间改成了一间附属办公室，在19世纪时，被称为“**金库**”。他在那里写信和记录他的私人账户，这个账户主要记录了他在慈善事业上的投入。

办公室墙上的木制装饰是路易十五最后订购的一批作品中的一个代表。我们可以从中发现他的品味的真实变化：抛弃了洛可可式风格，更加追求作品的严密性。这与赫库兰尼姆和庞贝的最新发现有很大关系，因为这些发现促进了人们对古物和罗马美学更严密的规范的兴趣。也因此，路易十五的这批装饰品没有再邀请维尔贝克特制作，而是委托了他的对手安托万·卢梭。卢梭在儿子的帮助下，于1771年雕刻了这些作品。

中间的壁板上雕刻着许多大型徽章饰物，而图中这件饰物周围镶着芦苇和水仙花。工匠通过使用不同质地的金子，比如亚光的、亮光的，或是青色的，让人感受到大自然和沐浴的愉悦，也为在这样严肃的办公室里出现略显轻浮的主题感到吃惊。事实上，这里以前是路易十五的浴室，只是路易十六把里面的浴缸拆掉了。

套房后面的房间于1838年得到翻修。人们在路易十四时期的使节大阶梯和一个内部庭院处建造了这道宏伟的路易·菲利普楼梯。这道楼梯通往以“法国所有的荣耀”为主题的博物馆。为了修建这道楼梯，人们毁掉了路易十五的楼梯，还拆掉了路易十六的台球厅的一部分。

这是路易十六的小浴室，正对着卧室后面的走廊。我们可以从这间浴室直接进入走廊里，他喜欢每次打完猎以后懒洋洋地躺坐在那里。浴室紧靠着路易十五原来的假发室，后来路易十六将它改成了地理室。
在那里，距离挤满廷臣的镜廊只有两步之遥的地方，藏着一道通向顶楼的楼梯——在那里，他可以暂时避开繁杂的事务，做一些自己最喜欢做的事。

回到镀金室，我们可以看到照片右侧一连串的房间，有藏书室，还有后面瓷器餐厅的蓝色挂毯。餐厅的名字源于塞夫勒瓷器手工工厂的展销会。这个展销会是由路易十五发起的，在每年圣诞节举办，一直持续到1788年。这是三间小套房里的房间，朝南面向皇家庭院。

路易十六登基后交给加布里埃尔和卢梭的第一批工作之一就是建造藏书室。藏书室内的书柜其实是一道暗门，书柜里的书也都是空壳。不过路易十六是受过良好的教育的，他精通英语，博览群书，尤其偏爱科学、医学、历史以及地理书籍。他拥有几万册的藏书，虽然有一些是以前的旧书，但是大部分都是从他的书商手上购入的。

国王是按照他的喜好来布置这间房间的——以纯粹的“路易十六风”，比洛可可风格要朴实很多。从中我们可以看到一张盖尔威尔制作的用圣-露西亚桃花心木制成的大圆桌。它的桌盘是用一整块木头制成，直径达到2米多。这是因为路易十六需要足够大的桌面来铺展地图。他在这些地图上饶有兴趣地感受着拉·圣·彼鲁兹的海上探险，而这次探险也是在他的鼓励下才成行的。

在这张桃花心木桌子上，国王还向人展示了雕刻着“法国伟人”的塞夫勒白瓷，这里摆的是这套雕塑的缩减版，是1776年由昂热维尔伯爵向皇家学院最好的雕刻家们订购的——原本是为了放在卢浮宫的，因为这位伯爵是当时的王室工程局负责人。从照片后方可以看到彩色混凝纸做的地球仪和浑天仪，由青铜色的阿特拉斯——即擎天巨神石膏像支撑。这两件装饰品是在1778年被送给国王的。

这是大卫·伦琴为路易十六制作的翻盖写字台，表面全部由桃花心木制作，上面还加上了镀金青铜的装饰，而这个装饰则完全受到了古典风格的影响。
桌子上装了很多抽屉和暗格，复杂的机械使之成为了真正的保险箱。

路易十六的游戏室位于宫殿中央部分的顶层，这里原来是路易十四的珍奇屋。路易十六在墙上挂了路易-尼古拉·范·布拉汗布格的水粉画。布拉汗布格是宫廷战争御画师，他甚至曾经以“战争记者”的身份和部队待在一起。在这里，人们可以喝咖啡、玩十五子棋和惠斯特牌（桥牌的前身）。

1785年，为了使里耶斯内尔在1775年做的墙角柜更加完整，国王从商人让-奥利那里订购了一套镀金的雕刻木椅，椅子上还铺着昂贵的玫红色和金色亮泽锦缎。这套椅子一共36把，与椅子相配的还有一个屏风。同年，工匠在护壁板上也镀上了金子。让-奥利将制造工作交给了木匠让-巴普蒂斯特·布拉尔。

从高处往下看，这就是通向路易十六工作室的**铁匠楼梯**。对科学与科学实践也非常感兴趣的路易十五，已经在三楼设置了一个地理室，在四楼设置了一个历史室，在藏书室的旁边还有一个化学实验室。路易十五就是通过这道楼梯和他的情人杜巴利伯爵夫人会面。杜巴利夫人被安置在实验室旁边的顶楼房间里。

路易十五去世以后，路易十六将杜巴利夫人送进了修道院，然后扩大了他的**工作室**：主要有化学工作室、大炮工作室、锁工作室，以及另一间细木工工作室、锻铁工作室和物理长廊。他会在长廊里做一些电力试验。我们应该不会忘记历史上的首次热气球飞行，即1783年孟格菲兄弟在国王和宫廷前完成的飞行。

二楼的藏书室远远不够，充其量只是公寓里的一个房间。事实上，路易十六真正的藏书室，也就是那个他喜欢在里面阅读和学习的藏书室位于顶楼，在会议室楼上。他对天文学非常喜爱——为了观察天空，他曾经命人架起了更高的亭台。亭台的位置是通过这个浑天仪表选出来的。在这里可以观察到地球位于黄道十二宫的中间。

藏书室里还有一张用桃花心木和镀金青铜制作的大桌子（长3.9米，宽1.85米），四周镶着大抽屉。这张桌子由木匠让-弗朗索瓦·利莫内在1785年完工。这个1764年为路易十五而建的房间的余下部分非常朴素，只在四周环绕着一些简单的白漆书架。在房间尽头的右侧，我们可以看到一个用四根镀金大理石支撑的矩形神殿模型，它是国王在1788年获得的大天文挂钟里唯一保存下来的部分。

路易十五对女人们的热情至少与他对科学的热情是同等的！他不但经常去那间用作与情人们见面的雄鹿公园的小屋，还将“正式的”宠妃们都安置在了宫廷里。在杜巴利夫人之前，依次有内勒的四个姐妹住在宫殿的三楼，也就是在水星厅和阿波罗厅上面。国王还可以通过一道私密的楼梯进入她们的房间，而这道楼梯就在他的快件室后面。

在路易十五对蓬巴杜夫人的爱慕转化成“友情”和她搬进宫殿一楼之前，她居住的地方是内勒第四个姐妹、一年前去世的沙托鲁夫人生前的房间。她的套房面向北花坛，在一道长走廊的尽头。用作衣橱的是一间很小的房间，虽然朴素，但是很隐蔽。

虽然房间里的物品和装饰没有改变，但是我们对她的家具了解得并不多，反而对她其他住所里的家具比较了解，例如为她而建的美景城堡和小特里亚农宫。因此后人根据对她的品味的了解，在房间里重新放置了那个时代风格的家具。比如房间里的椅子，就是一种风格的转变，即渐渐远离了原来的洛可可式，而被称之为“蓬巴杜式”。

这间**大会议室**曾经是蓬巴杜夫人的卧室，后来变成宾客云集的客厅。螺形托脚小桌上方的夏洛莱小姐画像令人想起她的危险朋友——沙托鲁公爵夫人。沙托鲁公爵夫人喜欢穿着修女衣服，接待她的裸体情人们……伏尔泰为此还作了一首讽刺短诗："美丽的夏洛莱天使/告诉我们如何/圣·方济各的束腰带/成了你的腰带？"

如同大会议室里玫瑰色的红底锦缎一样，房间里这件绿色挂毯也是根据侯爵夫人最喜欢的颜色来挑选的。挂毯由金银和各种颜色的花束及羽毛织成，其款式极有可能源于莫斯科的著名手工丝绸制造工厂拉扎列夫。

卧室是加布里埃尔在1748年布置的（木饰部分由威尔伯克特完成）。床被放在凹室里，两个小房间分列在凹室两旁。蓬巴杜夫人可以通过这两个小房间从后面进入卧室。房间里最漂亮的家具是摆在中间的那张可以变形的豪华桌子，也被称为勃艮第式桌子（桌子前面的部分翻转、后面的部分竖起来后就变成了写字台）。这张桌子是从让·弗朗斯瓦·奥本的作品中获取的灵感。

花边梳妆台的上方放置着一个雕铜饰金的漆木假发盒子，和镜子的卷边搭配在一起显得非常漂亮。盒子常常用来存放洗过的、备用的、梳过的、抹过滑石粉的假发，通常是平铺着放。从20世纪末开始，假发的使用群体扩展到了女性。这些假发一般比较简单，颜色有玫红、浅紫或者是青灰，但是有时这些假发也会设计得非常夸张。

衣橱上方是**杜·欧塞夫人**的房间，她是侯爵夫人的第一侍女，也就是侯爵夫人的陪同和心腹。作为小贵族，她在蓬巴杜夫人还只是让娜·安托瓦妮特·普瓦松（即夏尔·纪尧姆·勒·诺尔芒·德·蒂奥勒的妻子）的时候，就在埃蒂奥莱为她工作。她为伯爵夫人理发梳头，喷香水，帮助她穿衣服，在她生病的时候整夜陪伴在其身边，并且十分谨慎地保护伯爵夫人的私生活。

杜巴利夫人在1768年时住进了凡尔赛宫，但年迈的国王（59岁）又重新捡起他和蓬巴杜夫人在一起时的习惯。他让加布里埃尔为杜巴利夫人翻修他的一部分私人房间，这些房间位于他的一些小套房楼上，这样他通过国王楼梯能直接进入其中。这一排房间的天花板都很低，但由于面向南侧的大理石庭院，这些凹进去的窗户和白色的壁板一样，都为房间带来了十分舒适的光线。

穿过候见室后就能到达这一排的第一个房间，位于角落办公室的楼上。这个房间原来是路易十五的冬天餐厅，后来变成了游戏室，再后来又改成了**聚会厅。**如今，壁炉上装点着一座用有色石膏制作的伯爵夫人半身像，她的肩膀性感地裸露着。这件大理石复制品是在1773年由奥古斯坦·巴如完成的，他是路易十五最喜爱的雕刻家。

让娜·贝库是个私生女，也是曾在服装店里工作过普通人。她从不介意出卖自己的色相——在被杜巴利·勒鲁耶包养之前，“她曾经在街头招客，什么人都接受。”舒瓦瑟尔写道。
尽管路易十五给了她伯爵夫人的封号，但她在宫廷里还是备受鄙视。不过，这个在人们看来十分低俗的女孩却展现出了非凡的品味。

她的套房是由她自己来布置的。这张从18世纪30年代开始流行起来的土耳其式床并非出自她的设计，但是她命人加上了脚柱。她还喜欢能够让她看上去气色更好的白色，因此为家具选择了绣着玫瑰花束的白色丝绸。她非常擅长选择那些极具天赋的艺术家和手工匠人，例如为她制作了许多椅子的细木工匠路易·德拉努瓦和雕刻工匠马丁·卡兰。

杜巴利夫人采取过渡和新古典主义风格重新装饰了套间。这种做法改变了原先屋子里杂乱的状况。在她卧室旁**大会客厅**的衣柜上摆放着两个用白色大理石、斑岩和镀金青铜制成的花瓶。其中一个花瓶是雕刻师路易吉·瓦拉迪耶的作品，他从古代艺术中汲取了灵感。这两个花瓶是杜巴利夫人在1773年从塞勒夫皇家手工工厂购买的，算是工厂的大客户。

通过照片上的这缕阳光，可以看到护墙板与椅子之间的反差。这些洛可可式的护墙板是雅克·维尔贝克特制作的，而椅子则是1769年末路易·德拉努尔交付的作品中的一把。椅子以椭圆形饰物作为椅背，与纺锤形的有凹槽的椅脚搭配在一起。这把椅子不仅外形新颖，其工艺也非常创新：椅垫没有用钉子固定，而是采用了框式可拆换结构。这样就能更换绿缎镶边的白缎刺绣椅垫——夏天换上丝绸的，冬天则用天鹅绒的。

这张桌子是马丁·卡兰的作品，用佛罗伦萨硬石镶嵌——这种方法十分新颖。卡兰很少使用细木镶嵌，但也十分擅长制造小型的珍贵家具。他制作的小家具上往往用塞勒夫的白瓷板或者是上了漆的桌板来装饰，比如卧室里的珠宝匣子。

通过候客厅可以进入面对皇家庭院的小藏书室。藏书室内的书柜制作得非常精细，门都是玻璃的，而且装点着金质图案。左边装点着白瓷花的笼子里关着她的鹦鹉，笼子上从上到下轧着专为杜巴利夫人制作的徽章。如果没有这些徽章，杜巴利夫人就无法进入宫廷——笼子左侧刻着巴利莫尔家族的徽章，一般认为她出自这个家族；右侧的徽章比较怪异，代表着戈马尔·德·沃贝涅家族，也许这个家族中的某一个人是她的父亲。

套间一部分的另一侧对着雄鹿庭院。从卧室去往餐厅需要穿过走廊，这道走廊对着守夜女仆的房间和卫生间。
她的套房很大，比宫廷里大部人住的套房都大。

房间保留了杜巴利夫人时代的绿色“马丁清漆”（除了浴室是淡紫色的）。“一个又一个美人/在镀金的护壁板下，和马丁清漆……”又是伏尔泰这样写道。这项18世纪的精致工艺源于1728年漆匠画家马丁兄弟调制出的用树脂制作的清漆。这种清漆可以调成任何颜色，主要为了同来自中国和日本的漆料竞争。

餐厅壁炉上的漂亮挂钟带有强烈的罗班风格。罗班是路易十六的钟表匠。这些“动物”挂钟（通常是大象或犀牛）由褐色或黑色油亮古铜制作的异域动物组成，但是通常被放在洛可可式的底座上。

窗洞上漂亮的洛可可式饰物，装点着晚餐的背景。晚餐通常由扎莫尔服侍，他是路易十五送给其宠妃（从床上方戈捷达·戈蒂的铜版画上能看到她，见第183页）的黑仆。晚餐有时候是国王自己做的，但只持续了很短暂的一段时间。1774年4月国王染上了天花。在去世的前几天，他让杜巴利夫人离开凡尔赛宫，而她就再也没回来过。

新王后玛丽·安托瓦内特，极有可能是受到那些夫人们（即路易十五的女儿们，译者注）的煽动，因为她们从没喜欢过“亲爱的爸爸”的情人们，所以新王后极其厌恶杜巴利夫人，并且评价她“无法想象的愚蠢和不得体”。然而这两个女人对于装饰的品味却极其相似——我们从玛丽·安托瓦内特翻修过的、位于王后大套间后面的玛丽·蕾捷斯卡的**小套间**里的装饰上就可以看出这一点。

同样，在二楼也有一间**藏书室**，放置着摩洛哥皮装订的书，书上刻着玛丽·安托瓦内特家族的徽章。这些书是她的内务秘书收集的，然而极少阅读的王后可能从来都没有打开过这些书。藏书室的附属部分面对着浴室（从前页可见）。除了我们已经看到的用假书装饰的门，还有一些漂亮的木抽屉。门和抽屉上的把手都是双头鹰的形状，是奥地利王室的象征。

玛丽·安托瓦内特经常躲在这间大内务工作室里面逃避一些令她难以忍受的礼节。1784年，这个房间按照里夏尔·米克的设计全部装上了白色和金色的壁板，进而改名为**镀金室**。里夏尔·米克是她最喜欢的建筑师。卢梭兄弟在这个房间里的细木装饰深受古代艺术影响，比如狮身人面像和古三角座。在它们周围放置的都是她喜欢的物品，比如她收集的漆盒和日本瓷器。

她为挂毯等织物选的都是比较柔和的颜色，比如暖色调的淡紫、珍珠灰或英国绿（这里镶的是勃艮第式饰带）。她在这里招待朋友、帮助长女玛丽·泰雷兹（绰号“严肃的慕斯女孩”）复习上课内容等。她也在这里弹奏竖琴或者上钢琴老师安德烈·格雷特里的课，还会让伊丽莎白·维杰·勒布伦为她画像。

所有的家具、物品都是她自己选择的。因此，尽管房间里的家具在十年间更换了三次，但人们还是十分小心地只在这里放从她的住处搬来的家具。即使是面对最好的手工艺者，她也要强迫他们接受她的风格——从这把由细木工匠乔治·雅各布制作的椅子上不难看出这点。这把椅子边框上的带状花形雕塑显得异常的精美。

围绕在王后身边的都是最好的艺术家。从皮埃尔·古蒂埃的女像柱或者让·亨利·里耶斯内尔（见第194页）的镶嵌细木装饰的衣橱就能看出来。衣橱的表面由卡宴紫木和光滑如缎的木料所制。从照片的远景上可以看到一扇藏在细木装饰里的暗门朝向小附属办公室。据康庞夫人描述，洛赞公爵就是通过这扇门离开的。被他的殷勤讨好惹怒的玛丽·安托瓦内特，一声响亮的“先生，请你出去”的训斥，使得洛赞公爵仓皇而逃——在那里，洛赞公爵甚至扬言王后陶醉在他的怀里。

玛丽·蕾捷斯卡王后的旧祈祷室后来改成了迷人的私人小客厅。**“午休厅”**的名字听起来好像意味着人们只在中午时使用它。午休厅内的装饰仍然是由里夏尔·米克设计的，由卢梭兄弟雕刻的细木装饰镶嵌（乔治·雅格布制作的椅子）。门上镜子装饰着的青铜富有象征意义，比如这些玫瑰花茎，上面装着被箭刺穿的心，象征着爱情。

房间被这些多边的墙面巧妙地分割开，从而使仆人们从大套间来到小套间的时候能够绕过这里。王后同样可以在镜板遮掩的沙发上安静地休息。除了她的妹妹玛丽亚·克里斯蒂娜在她结婚时送的这张独脚小圆桌，最令人动容的物品还是路易·皮埃尔·德塞纳制作的路易十七半身像。它向我们展示了王后对孩子们的爱。

在意个人隐私的王后一直在扩大她的私人领域。她在三楼也有几间虽然昏暗狭窄但是装修得非常华丽的房间。传说她的瑞典朋友**阿克塞尔·德费尔桑公爵**就住在旁边这个朴素的套房里，宫廷里针对这件事的流言也传播得很疯狂。而卧室后面的一道螺旋式楼梯可能又加重了这些流言，这是宫廷里最古老的楼梯，被人们称为“骗子们的楼梯”。

在这个一二楼之间的超小夹层里，放着王后的旅行箱。请别忘了凡尔赛宫并不是一个永久的住所，而且宫廷会根据季节和王室成员的意愿搬到枫丹白露、贡比涅、朗布依埃——最后这个地方对玛丽·安托瓦内特来说，就是“一个蛤蟆窝，一片沙漠，一次令人不快的停留”。相反，她非常喜欢国王送给她的小特里亚农宫。

王后在1782年时又获得了使用一楼三个房间的权利，这三个房间是从索菲夫人（路易十六的姑姑）的套房里分出来的，其中一间就是照片上的浴室，用大理石铺砌。我们可以想象到“浴室仆人”在这个装有镀金青铜水龙头的铜制浴缸周围忙碌的场景——女仆们负责把浴缸注满水，再放上芳香的草垫。由于房间足够大，这里甚至还放着一张供休息用的床。

这是卢梭兄弟制作的精美细木装饰：两只天鹅在一个水盘里喝水，旁边是装饰着贝壳的叶饰，
白色的浮雕位于浅蓝色的背景上。

每个地方的装饰都很精细，即使是门把手也不例外。照片中是卫生间的门把手，门上装着白色的细木镶嵌。卫生间位于二楼镀金室的隔壁。事实上，凡尔赛宫里的人们非常讲究卫生，因为在那个时代，路易十四已经率先引进了卫生间，尽管他有时候会坐在马桶上接待客人。

在路易十五时期，“英式”马桶随着1727年出现的抽水系统而诞生。这个系统由水库供水，和一些防水坑相连。虽然照片中的桃花心木马桶是19世纪的老物件（为路易·菲利普的妻子所制），但其做工仍然非常精致。右边的壁橱中放置的可能是干净的布（那时候还没有卫生纸）和香炉。

如果玛丽·安托瓦内特想要住在一楼，肯定是因为她想离孩子们更近一些。在生下小玛丽·泰雷兹·夏洛特之后，王后又在1781年10月22日生下了小路易·约瑟夫。人们为此而欢呼雀跃，因为大家早就期待一位王子的诞生了。巴黎市政厅可能就是在这个时候将这个带屉柜的箱子送给了路易十六和玛丽·安托瓦内特。箱子上画着路易十六和玛丽·安托瓦内特的姓名首字母，爱神们正在给它们戴上花冠。

接着路易·夏尔在1785年出生（人们称他为“亲爱的宝贝”），但是出生在1786年的索菲·贝亚特里斯还没满一岁就夭折了。王后（和国王一样）经常和她的三个孩子一起捉迷藏。不幸的是小路易在1789年6月因感染骨结核而夭折，这对她来说是难以承受的悲痛。照片中的浴室面对着一间位于套房后侧的藏书室。

路易·夏尔和玛丽·泰雷兹在1789年占用了一楼的几个朝向南花坛的房间。这几个房间实际上离他们母亲的套间只有几米远。如今人们采用了更为古典的风格重新装饰了房间，是1747年为了迎合路易十六的父母而设计的风格。在同一年，曾经的摄政王腓力二世的大房间被分成了两个相连的房间：一个成了王太子的藏书室，另一个成了太子妃的内部工作室。

王太子和太子妃关系很亲密，所以他们让连接两个工作室的门就那么开着，王太子在工作，太子妃则忙着绣花。我们在这些套间里又看到了加布里埃尔的风格：太子妃工作室里的细木护壁板是白底的，与让-巴蒂斯特·乌德里画的象征四季的门头饰板十分搭配。在**王太子的卧室**里，除了画和丝绸装饰，还有左侧这两个令人惊艳的浑天仪和地球仪。

夫人们的套房总是在一楼，而且与王太子和太子妃的套房对称。“夫人”这个称呼，一般用来称呼先生（即国王兄长）的妻子，也用来称呼国王的姐姐。但是这里的“夫人”则指的是路易十五的八个女儿。在这八个女儿中，有七个一直单身，其中六个从1752年开始就在凡尔赛宫生活。阿德莱德和维克多尔是活得最久的两位，在1789年的时候仍然生活在凡尔赛宫。

为了安置他的女儿们，路易十五进行了许多大工程。**维克多尔夫人**（第四夫人）被她的父亲亲切地称为“小胖子”。她的客厅就在路易十四的豪华浴室套房里，这个套房是太阳王最创新的发明之一。17世纪的羽管键琴摆在房间中央，十分引人注目。不由得使人想起维克多尔夫人坐在这里弹琴的场景，其技艺令人叹为观止，莫扎特还将他的前六首羽管键琴鸣奏曲都献给了她。

路易十五所有的女儿都是音乐家，从纳捷为她们画的肖像（阿德莱德夫人在练习演唱，亨利埃特夫人在弹奏低音古提琴）或者是奥布里所画的肖像（维克多夫人在弹奏竖琴）都能看出这点，而且通过维克多尔夫人工作室里的画像也可以看出来。
再比如吕讷公爵的回忆录里有这样的记载：“维克多尔夫人，她的羽管键琴已经弹奏得非常好，同时还在学小提琴、吉他和低音古提琴……阿德莱德夫人也在很认真地拉小提琴。”

阿德莱德夫人的大客厅，和她妹妹的客厅一样被用作了音乐厅，并且放在这里的管风琴很有可能就是她的。她的套房在维克多夫人的套房后面，在蓬巴杜夫人——被那些忍受着父亲不忠的夫人们（即路易十五的女儿们，译者注）称作“荡妇妈妈”的女人——曾经居住的地方。

被冰雪覆盖的北花坛的凄凉景色不由得让人想起夫人们日复一日的无聊生活。她们受过的教育使她们异常虔诚，可以忍受过着非常单调的生活。每天早晨，她们去亲吻她们的父亲、做弥撒。除了狩猎的日子，她们都只能在自己的套房里过着隐居生活，看不到任何人，最多去王后的房间里玩上一局热那亚方块纸牌游戏，然后很早便上床睡觉了。

阿德莱德夫人的卧室——蓬巴杜夫人正是在这个房间里去世的——在当时一定非常令人赏心悦目，因为夏天房间里的挂毯上装饰着“白底的毛茛花、玫瑰、各种蓝色的风信子和种类繁多的花环”（照片上的挂毯和它很像，也是出自同一间里昂手工丝绸工厂）。床的两侧挂着阿德莱德夫人和维克多尔夫人的画像——比画像上和蔼可亲的纳捷（见第211页）要严肃一些。

里昂手工丝绸工厂在1720年到1760年间的工作量翻了一倍，主要来自于凡尔赛宫的大量订购。凡尔赛宫的时尚影响了欧洲所有的宫廷，这也说明了为什么（现在）阿德莱德夫人房间里的挂毯，可以依照1788年为俄罗斯保罗·彼得罗维奇大公制作的挂毯而重新织就。人们只是在书里见过对当时房间里的挂毯的描述。在那个织物的黄金年代，挂毯的出众同样得益于它的过硬质量和设计者在样式上的创造力。

这又是一个风格独特的典型代表，即**维克多尔夫人卧室**睡床上用云纹塔夫绸制作的帷幕。在这个房间里，我们不得不被这条出自萨伏纳里地毯厂织机的地毯的美艳所震撼。法国徽章的边饰透露出这是王室的采购，除此之外我们还能辨认出这条地毯的设计师——皮埃尔·若斯·佩罗，他创作过许多类似样式的作品。

维克多尔夫人房间壁炉上面的绿底塞勒夫系列花瓶也很漂亮（外侧是一对葡萄状的山羊瓶，然后是一对线绳小瓶，请仔细看它们的把手），夏尔·尼古拉·多丹在花瓶上装饰着一些缠绵的情人或者田园生活的场景，这些灵感来自于弗朗斯瓦·布歇。50年后，亚历山大·布隆尼亚尔这样评价夏尔·尼古拉·多丹："给手工工厂带来最多荣耀和利益的人之一"。

阿德莱德夫人的套房旁边是维克多夫人的最后一个间房，也就是她的**藏书室**，里面放了一张曾经属于索菲夫人或者露易斯夫人的斜面小书桌和几把弗利佑兄弟制作的椅子。这些玻璃橱柜里放置了一些刻着玛丽·蕾捷斯卡和其他夫人徽章的书。维克多夫人的书用绿色的皮装订，阿德莱德夫人的书用红色的皮装订，都是些宗教书、历史书，以及科学书。

想要重温**路易十四**时代的氛围，只要回到宫廷北翼的二楼就可以了。路易·菲利浦将位于那里的王族套房改造成了一个讲述17世纪历史的画廊。从这些著名人物的半身像中，在这些色彩斑斓、有凹凸花纹的并且使人想起17世纪风格的挂毯前，照片上的近景处是阿尔让松侯爵，他是太阳王的警察总长和部长。

从这一列客厅看过去，出现在我们眼前的是普法尔茨夫人的两幅画像，她在1714年出席了萨克森选帝侯的典礼（第一幅画的右侧），然后我们又在后面的客厅上方看到亚森特·里戈画的国王的嫂子——一个盛气凌人而又诙谐幽默的女人。她自我描述道："我的脂肪放错了位置，因此和我很不相配。我有着可怕的屁股、大肚子、宽大的胯骨和肩膀，以及过于平坦的喉头和胸部。"

在亨利·泰思特兰这幅巨大的《科尔贝尔向路易十四介绍皇家科学院的成员》下面摆放着一张弗雷德里克·鲁的桌子。鲁是一名细木镶嵌师。1839年，在路易·菲利普统治时期，他在巴黎创建了自己公司，并且和他居住在美国的弟弟一起工作。他的作品除了质量优秀、技艺精湛之外，还有一点值得我们注意，那就是他从安德烈·夏尔·布勒的作品中获取了很多灵感。

事实上也正是布勒——路易十四的第一个木器匠真正创造了这种风格。他精湛地使用了铜和片状细木镶嵌技艺，在家具上大量使用了青铜装饰，以保护家具的易损部分。从这些客厅里，我们看到了完美的例子——四个用乌木做的矮衣橱装饰着皮革，还嵌着表现“四季”主题的镀铜（图上的这件表现的是冬天）。这些衣橱制作于1725年至1729年间。

路易·菲利普不仅仅是想重温伟大世纪，即17世纪。他的计划要有野心得多，那就是在凡尔赛宫里再建一座法国历史博物馆。这座博物馆可以成为法国社会和解的工具，以献给“法国所有的荣耀”。当时在浪漫主义艺术家的推动发掘下，中世纪主题流行开来，一个被理想化的中世纪，同时又对它怀有怀旧情绪。这样的中世纪源于苏格兰作家沃尔特·司各特笔下，在1830年的时候，他可比法国所有的小说家都有名气。

菲利普由此产生了一个想法，就是拆掉以前庭臣们的房间，在北翼的一楼开辟一些表现十字军东征的房间。结果就是有了这套怪异的房间，这可以说是新哥特式风格的典型代表，尤其是使用的壁柱和花格平顶。这是建筑师弗雷德里克·内沃的作品。装饰这些房间的最好方法，也许就是使用着色徽章，以及刻上所有参与过十字军的贵族的名字。

对路易·菲利普来说，和从前与他对立的正统派旧贵族和解是一个好办法。因此，应该向这些古老家族的前辈表示敬意，比如说照片上的诺曼底人罗贝尔·吉斯卡尔，他曾经参加过与摩尔人重夺西西里岛的战争（这幅画是梅里·约瑟夫·布隆代尔的作品）。至于在第一次十字军东征中功绩显赫的阿兰·弗尔让公爵和罗贝特·库尔特厄兹三世，他们两人的徽章也雕刻于此。

这幅画由当时最好的战争画家奥拉斯·韦尔内所作——虽然波德莱尔并不认同他，还在1846年抨击他“与艺术家完全相反”。韦尔内曾在1817年的沙龙里介绍过这幅《纳瓦斯德托洛萨战役，1212年6月16日西班牙人和摩尔人的战争》。从画上我们可以看到托莱多的大主教罗德里格鼓励士兵追随桑乔，即纳瓦拉的国王，一起征服摩尔人。

最初，菲利普只计划使用一个房间，这个房间有两个套间那么大。在路易十五时期，这两个套房分别属于蓬波纳修道院院长和迈利侯爵夫人。在房间里能找到主要的十字军战士的徽章，也还有第一次十字军东征后建立的圣约翰骑士团里一些大团长的徽章。后来，人们又占用了四个北向的石头长厅房间，但这四个附加房间里的画并不是按照年代顺序摆放的。

油画上画着一些大事件，比如这幅《将托勒密伊斯城还给腓力二世和理查一世》：对托勒密伊斯城的围攻——托勒密伊斯就是古代的阿卡，十字军称之为圣·让·阿卡——持续了两年（从1189年8月28日到1191年7月12日）。在当时的编年史中，这次包围可以与特洛伊城之围相提并论。法国国王和英国国王联合拿下了这座城市。我们从画上还可以看到穆斯林教徒为了表示对领事裁判权条约的接受，被夹在两个军队间并放下武器投降。

第一批十字军的徽章被画出来时，一些被忽视的家族提出了异议。在此之前，人们只根据当时的圣战编年史和古代的文件集来选择要画哪些家族。但是人们又找到了一系列契约，是关于一些贵族为资助十字军东征而签的借条。这些契约是真的还是假的？无论真假，这些徽章的数量都已经翻了一番，甚至都画到了天花板上。

谁不想从这幅《皮埃尔·莱尔米特和布永的戈弗雷带领十字军队伍前行》里认出自己的祖先呢？这次行军发生在1099年（7月14日），在耶路撒冷被攻占的前夜。画出这些唤起伟大记忆的作品的画家共计56位，或多或少都有些名气。他们是从当时最优秀的画家种挑选出来的，比如让·维克多·施内茨，他曾经是大卫的学生。

最令人印象深刻的还是这扇用雪松雕刻而成的哥特式大门。这扇门是在1836年由马哈茂德二世献给路易·菲利普的：这扇门来自圣·约翰骑士团的骑士们在罗德岛上建的医院——他们在1311年收复了该岛，在阿卡的战败并抛弃圣地以后。该门制作于1512年，上面雕刻着法布里奇奥·迪·凯尔特的徽章。他是骑士团第43位大团长，为了抵御苏莱曼而修复了罗德岛上的防御工程。

我们认出了门前用白玉做的来自巴黎圣殿教堂的菲利普·德维利耶·德利勒–亚当雕像。他是骑士团第44位大团长。在一次英勇的防御战后，他被迫向苏莱曼投降，并于1534年协商了马其他的骑士安置问题后去世。苏莱曼曾对他的臣民们说："信徒们，向这个异教徒学习，他的任务完成得如此出色，以至于得到了敌人的欣赏和敬重。"

1177年11月，伯利恒的主教阿贝尔托着一块耶稣殉难的十字架木头，带领着患麻风病的年轻耶路撒冷国王（鲍德温四世）的500名骑士行军。当时萨拉丁所向披靡，侵占了王国的南部并一路杀向耶路撒冷。后来，鲍德温四世离开了曾经避难的亚实基伦，开始追捕萨拉丁。他不仅追上了萨拉丁，还成功地将他逼走。打败了强大的萨拉丁的国王，那时只有17岁。

十字军的房间于1843年向公众开放。路易·菲利普实现他和解的愿望了吗？老牌贵族不再将他视为篡位者。学者们在这些徽章里发现了许多错误，有些地方甚至还有年代错误。但雨果曾经赞美国王“送给了这本名为法国历史的好书一个名为凡尔赛宫的精美封面”。现代人也许更应该接受这样的观点。

另一方面，为了提醒人们，从最古老的时候开始君主的决定就是与人民商讨之后的结果，路易·菲利普将加布里埃尔翼里一个方形大房间（在礼拜堂的另一边）用来开全国三级会议和一些其他的会议。这些画中还包括1789年5月5日（大革命的前夜）在凡尔赛宫召开的三级会议。从画面的近景上看，第三等级的议员们已经很活跃了。

在古老的国会的画（1506年、1328年、1596年……）上方有一幅长条形的画作环绕着大厅，展示了全国三级会议开幕仪式的场景。1789年5月4日，人们从巴黎圣母院一直走到凡尔赛圣·路易主教座堂。位于前方（在两个堂区神职人员后面）的是第三等级的议员，跟随在他们身后的是贵族和神职人员阶层的议员，他们每个人都拿着一根大蜡烛。在他们身后，是圣餐礼，被国王、王后、公爵和大臣围住，然后是宫廷守卫。

战争长廊是凡尔赛宫里最重要的历史长廊，于1837年完工。长廊由弗雷德里克·内沃设计，它几乎占据了整个南翼，大约有110米，比镜廊长40米。长廊内部通过天顶的大玻璃天棚采光。天棚有两层楼那么高，呈筒形，被一些突出的拱形结构隔成很多份。

路易·菲利普在战争画廊里集中收藏了33幅画着法国历史上的大胜仗的画。他想要传达的信息很简单：法国是一个统一、安宁的国度。从496年的托比亚克战役到1809年的瓦格朗战役，通过这些属于所有人的胜利，法国完成了统一。奥斯特里茨战役，是军事战略的杰作，是拿破仑所有的胜利中最有名的一个，当然也在这里得到了展现。弗朗斯瓦·热拉尔画的场景是拉普将军将从敌人那里夺取的旗帜献给拿破仑。

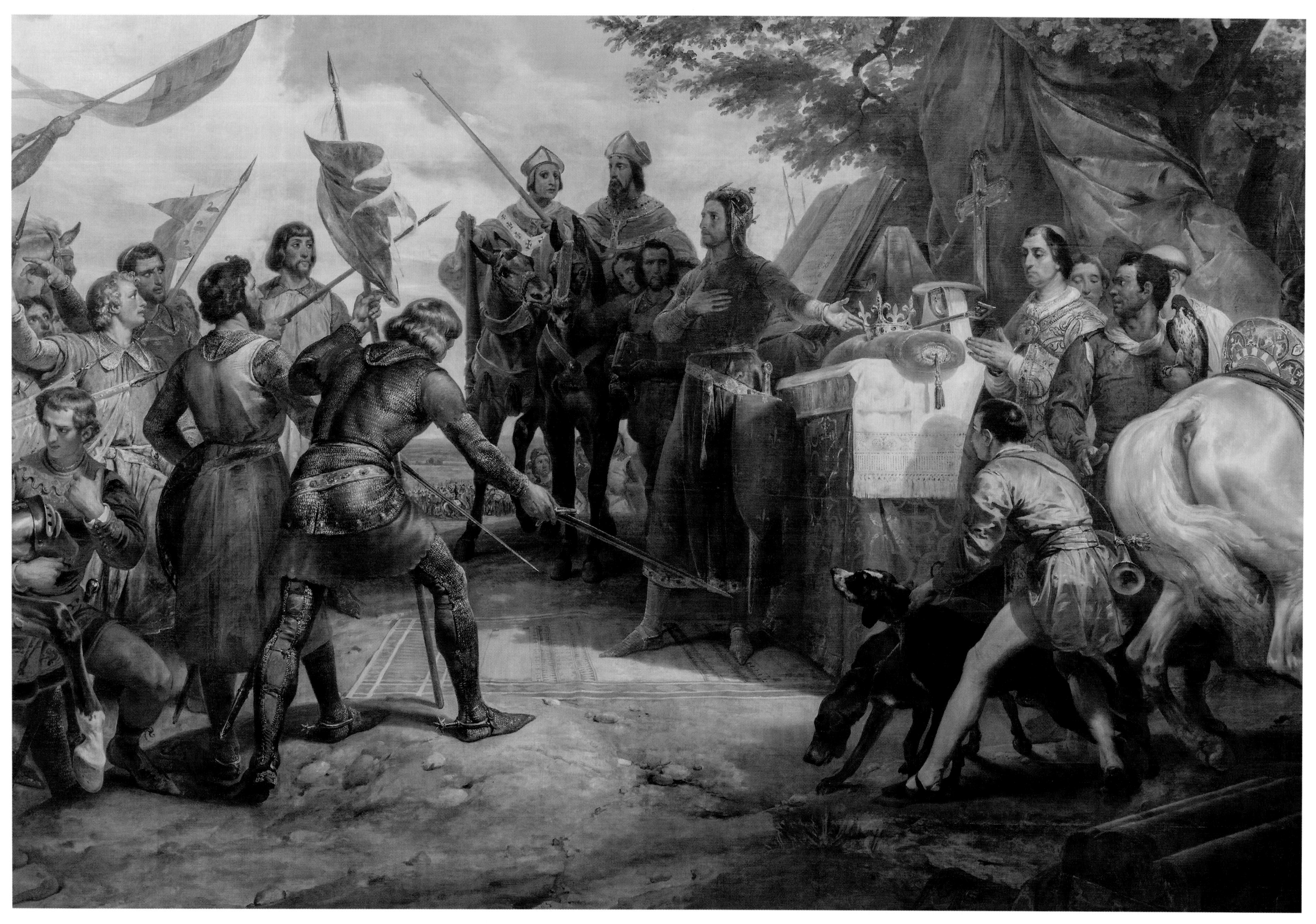

与上幅画相对应，奥拉斯·韦尔内选择记录下另一个历史性的时刻：1214年7月27日，菲利普·奥古斯特打算挑战英国国王约翰（也被称为无地王）和奥拓四世的同盟。一些封臣对此提出异议，于是他把王冠放在祭坛上，然后挑战这些封臣。他说如果他们觉得比自己更能配得上这顶王冠，他们尽可以拿走它。封臣们屈服了。几个小时以后，布汶战役决定性的胜利粉碎了英王约翰的野心，同时也巩固了菲利普国王的地位。

这些在战争中牺牲的军人们获得了最高的荣耀。这里展示的是他们的上漆木质半身像：摆在前面的是普里金·德·柯埃蒂维，法国的海军司令。他在1450年的包围瑟堡行动中被英国人杀害；还有勇士查理，勃艮第公爵，1477年在反对洛林公爵的包围南锡战役中死去。不过这对路易十一来说，却是一次象征着胜利的死亡，因为他终于摆脱了一个强大的对手。

回到一楼，便能看到历史的风云变幻：在造成法兰西第二帝国衰落的色当会战后，**国民议会**搬到了波尔多，不能回到巴黎这个刚刚被巴黎公社占领的城市。当国民议会在凡尔赛宫举行时，被临时安排在剧院厅里，因为那时半圆梯形会场还在匆忙建设中。直到1879年重回波旁宫之前，议员们都在凡尔赛宫内开会。

在戈布兰手工工厂制造的挂毯之上，画着玛尔斯和阿波罗，他们分别象征夏天和春天，而中间则是库代画的1789年三级会议的场景（这里放的是巴索绘制的复制品）。
现在的总统仍然会在这个选出了法兰西第三和第四共和国总统的房间里向聚集于此的众议员和参议员发表演讲。

出去以后，在南翼的尽头，即普罗旺斯楼梯的前厅处，摆着一个圆周长8米的巨球，它很有可能是路易十六在1784年为了展示他统治期间在地理学上的发现而订购的复制品。
路易十六的巨球跟克罗内力球（目前收藏在法国国家图书馆）有些类似。1693年的克罗内力球大致展现了路易十四时期的地理状况。国王用它来教育王太子。

这间门厅建于路易十六时期，用作他弟弟普罗旺斯侯爵（即后来的路易十八）的套房门厅，它将我们领进了历史长廊。从照片上看到的是两个墓碑的铸模，分别属于菲利普一世——卡斯蒂利亚的国王（1478—1506）——和他被称为疯女胡安娜的妻子，即卡斯蒂利亚的王后（1479—1555）。他们是查理五世的父母。原版墓碑是雕刻家巴托洛梅·奥多内斯的作品，现在放在格林纳达，当时是路易·菲力普订购的。

路易十六的雕像也是路易·菲利普订购的，周围环绕着从让-皮埃尔·科尔托那里订购的正义、善良、怜悯和节制化身的雕像。这些雕像被放在大革命长廊的入口。这在路易·菲利普的一生中是一段十分重要的时期。他的父亲，即腓力二世的重孙，曾经以“平等的菲利普”之名成为制宪会议里的一名议员，并且在1792年的时候参加了共和国军队。

路易·菲利普想让这个曾经展示着“追随宫廷的特权商人们”的**1792厅**，能够展示真正的1792年。因为这一年见证了共和国在瓦尔米和杰玛佩斯获得的最初胜利，也是在这一年还是沙特尔公爵的他，就已经扬名立万了。在这些大革命将军的画像中间，其中一些将军成了拿破仑未来的元帅，而他则同样能以帝国和大革命的儿子的名义来展示自己。

历史长廊剩下的部分位于三楼。通向这里的楼梯是为了纪念卡拉芒-希迈的王子而建。它虽然和大理石楼梯一样始于一座平台，但是它修建于19世纪30年代，所以没那么豪华，使用的也不是大理石而是仿大理石材料。希迈顶楼是路易·菲力普时代完成的工程的最后一部分，这些工程后来因1848年的革命而中止。这也许是一件幸运的事，因为工程破坏了太多的东西。

无论如何，我们都可以在这个房间里看到大卫这件感人的"网球厅宣誓"半成品。这件作品因众多广为流传的复制品而闻名：事实上，这幅画象征着从1790年开始民主制之于君主制的胜利，但是因为历史进展得太快了，所以这幅画从来没有完成过。不过，1792年8月10日对杜伊勒里宫的入侵揭露了画中的两个人物：米拉波和巴纳夫，他们也许与王室有一些秘密的联系。

按照时间顺序，我们来参观接下来的房间。这个大厅里挂了许多使人回想起执政府时期和帝国时期的画，尤其是在这个以艺术、文学和科学为主题的房间。我们可以从这些画里认出左侧的德·斯戴尔夫人、夏多布里昂或者是雷卡米耶夫人，以及右边的帕门蒂埃——路易十六同样也在上衣饰孔里插上了土豆花。长背沙发和靠椅是拿破仑在1808年向弗朗斯瓦·迈格雷订购的。

沿着这些客厅往前走，帝国的历史就这样通过画上的政治和军事大事件变革展现出来：奥地利战役、与玛丽·路易莎的婚礼、罗马皇帝的出生、西班牙战争，还有俄国卫国战争、百日王朝……
大厅的主题是1806年到1807年的普鲁士与波兰战役；进入慕尼黑，在芬肯施泰因宫接待波斯大史，帝国的守卫在1807年返回巴黎。

有关拿破仑的部分是从一个波拿马家族的画像长廊开始的，这些画是当时最优秀的画家们的作品：热拉尔、吉罗代、勒菲佛、勒蒂埃、维杰-勒布伦夫人等。中间放的是路易的雕像，即拿破仑的弟弟，他曾经当过荷兰国王。路易两边分别是他妹妹波利娜和他妻子奥坦丝的画像——拿破仑最喜欢波利娜，并且称她为“小家伙圣母”。这幅画像的作者是罗贝尔·勒菲佛。画像上的波利娜佩戴着古代风格的珠宝。他的妻子奥坦丝是约瑟芬的女儿、拿破仑三世的母亲，然而他和妻子相处得非常不好。

历史长廊里几乎一半的作品都是路易·菲力普订购的（原作、复制品和模塑），从1848年路易·菲利普倒台开始，政府订购、采购，以及大量的遗产和捐赠就在不断地丰富着这里的藏品。
长廊经过了扩建，许多客厅都被用于表现波旁复辟、七月王朝和第二帝国。

这个漂亮的奥林匹亚雕塑，又叫被奴役的波兰，位于北边的顶楼，制作于1843年，是安托万·埃泰的作品。它影射了1830年在俄国沙皇的控制下，针对华沙暴动的凶狠镇压。对于波兰民族来说，那是一段被长期压迫的开始，直到1918年波兰才恢复独立。那段时间造成了很多波兰人流亡法国，其中包括弗雷德里克·肖邦和诗人亚当·密茨凯维奇。

这里的严密布置始于19世纪厅，并且并非出自路易·菲利普，而是一个热衷于工程学的人——皮埃尔·德诺亚克。1892年，他在33岁的时候成了凡尔赛宫的馆长。就是他重振了这座“再没有一个人感兴趣的博物馆”——通过给长廊里的作品分类，开放以大革命和帝国为主题的房间，以及改正路易·菲利普的错误方法，让博物馆恢复了运转。

这是商人拉尔谢送给路易·菲利普的用大理石装饰的螺形托脚小桌。墙壁左边是《严肃的慕斯女孩》（即玛丽·泰雷兹），大革命后王室里唯一的幸存者，在成了“圣殿的孤儿”后，玛丽·泰雷兹嫁给了她的表哥，即后来的查理十世的儿子。她极少回到凡尔赛宫，也许那里有太多的回忆。她变得严厉又粗暴，格罗为她画了很多次画像却始终抓不到一次她的微笑。

在右边的画上，是1856年拿破仑三世和他的妻子坐在华盖之下，接待泰国的使节们，整个宫廷的人都出席了这个盛大的场合。对面墙上是由伊波利特·弗朗德兰在1862年所作的逼真的皇帝肖像。那时候帝国正处于繁盛的顶点。欧仁妮的肖像挂在后面。迪比夫绘制的欧仁妮的肖像在左拉看来就是“生奶油”。欧仁妮十分喜爱玛丽·安托瓦内特，所以凡尔赛宫也为此而受益。

这幅照片完美地向我们展示了橘园（孟莎的纯净古典主义杰作）的光彩，即从橘园看到的冬日清晨下布满寒霜的宫廷。橘树、柠檬树或者是石榴树都在长廊的掩盖之中。但在这抹金色的阳光中，我们好像闻到了橘树花的香味。据圣西蒙说，这是路易十四最爱的味道。

在吉尔吉东的刻刀下，诞生了这件最伟大的西方雕塑之一。这件雕塑可以称得上是构图与平衡的典范：普洛塞庇娜——色列斯的女儿——被普鲁托，即地狱之王掳走，她的女伴斯安娜眼睁睁地看着这一幕发生。斯安娜试图反抗，但是没用，反而自己被变成了泉水。这个美丽的雕塑再现了季节起源的神话故事。

为了抵御寒冷，数以千计的树木在冬天的时候被放在这里，在由贝宁宁创作的路易十四雕像前面。雕塑中的路易十四被装扮成马尔库斯·科提乌——一个为了拯救他的祖国而全副武装跃入了深渊的年轻罗马英雄。尽管贝宁宁声誉极高，可是国王并不欣赏这座雕塑，并且将它扔在了瑞士守卫水塘的尽头以示惩罚。

在楼梯高处的幽暗中，摆放着英俊的阿多尼斯雕像。他既爱冥界的王后泊瑟芬，也爱天上的美神阿佛洛狄忒。阿多尼斯与一个如花园般充满花香的世界微妙地联系在一起。
因为阿多尼斯同样也是密耳拉的儿子，所以当他出生的时候，密耳拉变成了没药树。

在离开城堡之前，看一眼它东西方向的景观，以太阳为轴的风景最为壮观：大理石庭院、路易十三的旧庭院、喷泉、拉冬娜喷泉，还有大运河的美景。

拉冬娜喷泉：朱庇特通过将农民们变成青蛙、乌龟和蜥蜴来为阿波罗和戴安娜的母亲报仇。这些农民曾在她和她的孩子们在池塘边乘凉的时候折磨过她。

在安德烈·勒诺特的引领下，法式花园建造得臻于完美：花坛、林荫道、水池、修剪过的树木，都呈现在一个整齐并且对称的平面上，并产生了预料之内的透视效果。

北花坛，位于曾经的蓬巴杜夫人房间的窗户底下、三个喷泉的小树丛上面。

屋顶栏杆上装饰着用石头制成的火焰瓶，交错的月桂垂花装饰挂在饰带连接的扣子上，底部则装饰着老鸦叶。

中央主体建筑的屋顶上，奢华地装饰着镀金的铅板。

杜弗尔亭子（以建筑师的名字命名）上壮观的三角楣，在路易十八时代以加布里埃尔翼为模型建造，路易·菲利普在上面题字“献给法国所有的荣耀”。

象征着丰收的光荣庭院内摆放着丰收之神的雕像，他轻蔑地注视着一位老妇人（这位老妇人是饥饿的化身）。这件雕塑是安托万·科塞沃克的作品。

在皇家栅栏上，太阳、权杖和正义之手交错；这是路易十四选择的徽章。

凡尔赛宫——太阳永远不会落下的城堡。

凡尔赛宫的摄影师们

克里斯朵夫·福安

您从哪一年开始在凡尔赛宫工作的?

我在2013年4月1日来到凡尔赛宫。

宫殿对于摄影来说是一个复杂的主题吗? 为什么?

凡尔赛宫不仅仅是一座博物馆，它同样也是一个依照相继的主人们的意愿而进行了各种各样的转变的非常复杂的历史古迹。有时候房间会很局促狭小，光线的波动或者是混合都会增加拍摄出好照片的难度。当我们拍摄宫廷里的房间、作品时，便会不可避免地想到一些人，他们曾经从这个楼梯走过，推过这扇门，睡过这张床，或者是在这间房里作过一些重大决定。阅读关于凡尔赛宫的一些书籍，这是第一个要做的功课，是为了能够全面感受参与了这里的演变的当事人们。第二个功课在于摄影时，手里要拿一张平面图，因为如果没有建筑师的图表，就无法理解这座有着许多楼层和夹层的宫殿。当然，随着时间的发展，我们读的书会越来越多，彼此补充印证，不同时代的平面图就会叠加或者混合到一起。这样的话，我们与凡尔赛宫的关系就会随着时间而越来越复杂，这也会极大地改变我们所拍出来的照片。

您最喜欢凡尔赛宫里的哪个地方?

喜欢的地方有很多，然而我还是更容易被路易十六的科学工作室所吸引。这些都是对公众关闭的地方，现在还没找到这些房间在1789年时的原本装修情况，现在如何装修它们也一直在酝酿中。这些地方——藏书室、化学室、车床室、熔炉、壁炉——非常精确地展现了国王的活动。我们由此能看出，路易十六远非像大革命时期宣传的那样。而且通过深入这些地方，我们不由地思考，在1793年1月21日被送上断头台的这个男人到底在想什么，又做了什么。

有没有一张您一直梦想但却没能拍出的照片?

梦想拍一张特别的照片是无用的。技术为我们打开了一片无限可能的天地。形形色色的创造无时不在发生，每一张照片都影响了下一张。最重要的是要一直不停地拍下去。

托马斯·卡尼尔

您是哪一年开始进入凡尔赛宫工作的?

我从2011年开始在凡尔赛宫的信息与交流管理中心担任摄影师、录像创制人员以及视听项目主任。

凡尔赛宫对于摄影来说，是一个复杂的主题吗? 为什么?

凡尔赛宫对于摄影来说是一个名副其实的挑战，首先是因为它面积巨大，所以可拍摄的视角数不胜数，而且会随着一天里不同的时间点，随着不同的气候，不同的季节而变换……总是有新的照片要去拍，去构思，去想象。这个地方会激发想象力，会促使你不停的创新，只有这样才能表达对它的崇敬，才能找到独特的视角以真正地展现它。而且我觉得越美的主题越难以拍摄。

您最喜欢宫殿里哪个地方?

作为凡尔赛宫的摄影师，幸运的是我们享有拍摄个别地点和作品的特权，我们可以在它关门的时候进去，在很早的清晨和很迟的夜晚进去。很难单独举出某一个地方更好，因为我走过宫殿里的每一寸土地，所以每个地方都会让我想到一个故事。我对皇家歌剧院很着迷，我认为它宏伟壮丽，但同样我还很喜欢杜巴利夫人的套房，里面非常考究，大小也适中，让我感觉很舒服。

有没有一张您梦想了很久但始终没能拍摄出来的照片?

我梦想在宫殿里待上一整夜，拍出夜的私密、明暗对比，以及宫殿的庄重。

克里斯汀·米莱

您从哪一年开始在凡尔赛宫工作的?

我从1964年8月开始住进凡尔赛花园，我父亲是宫廷里的挂毯安装工人。我在1979年11月1日回到宫殿里的摄影部。

宫殿对于摄影来说是一个很复杂的主题吗?

这个地方的复杂性使得摄影师们总是能获得新的视角，照片的拍摄方式在不断改变，摄影设备也突破了限制，因此可以拍摄出更好的照片。最难的是每年都要有新的视角，这样拍出来的照片才不会重复。

您最喜欢凡尔赛宫里的哪个地方?

我喜欢凡尔赛宫的一切，宫殿里面、花园，尤其是太阳落山时的氛围，还有那种觉得自己是唯一享受此美景的感觉。

有没有一张您梦想了很久但始终没能拍摄出来的照片?

白瓷特里亚农宫，但是我来得太迟了。

狄迪耶·索尼尔

您从哪一年开始进凡尔赛宫工作的?

我2010年就为凡尔赛宫工作了，正式调入工作是2013年3月。

宫殿对摄影来说是一个复杂的主题吗? 为什么?

宫殿确实是一个复杂的主题，如果我们不能真正感受到这座宫殿的灵魂，或者说我们对这里的建筑和作品没有一个很好的认识，就很难拍出好照片。

您最喜欢宫殿里哪个地方?

镀金室: 圣殿中的圣殿。

有没有一张您一直梦想但却没能完成的照片?

镀金室。